秘笈

注定成功

余汉杰 著

测绘出版社
·北京·

U0652768

记得一位信仰基督教的朋友曾经讲过这样一个小故事：美国加利福尼亚州水晶大教堂前著名牧师罗伯特·舒乐先生出生于爱荷华州，在他四岁那年，一件偶然的事情改变了他的人生。那是一个夏天的傍晚，余辉灿烂，罗伯特的叔叔在中国传教数年后，驱车回到爱荷华州玉米地旁的农舍，看望家人。叔叔一下车，罗伯特立刻光着脚跑上去，拥抱自己心中的英雄。在他眼里，叔叔高大，英俊，活力四射，无所不能。就在这时，叔叔把他宽大的手放在罗伯特这个四岁孩子的肩上，微笑并充满慈祥地对他说："我猜你就是罗伯特！我想有一天你会成为一名卓越的传教士。"那天晚上，罗伯特独自一人，默默祈祷："亲爱的上帝，等我长大，请让我成为一名卓越的传教士吧！"罗伯特相信从那一刻起，上帝赋予了他一个神圣的使命——用思想帮助他人，将不可能变成可能。

当我第一次结识余汉杰先生，他那以发展中国保险业为己任的强烈使命感让我想到了罗伯特·舒乐。经过更加深入的了解，准确地说，余汉杰先生在我心目中就是香港保险业的"罗伯特·舒乐"。一九八三年，大学饭堂内一位保险业学长的善意点拨，使余汉杰先生笃定以卓越保险代理人为终身职业。香港保诚从业三十春秋，从一人代理到统领六百人的卓越总监，坐拥七百多位转介绍客户，精通商业与神学，著有励志与管理书籍十二部，每年穿梭于香港、北京和上海，进行数场业界励志演讲。作为一名基督徒，余汉杰先生坚持万事皆有可能的坚定信念，行于诚信至上与脚踏实地的商业实践，达于为成就他人梦想与人生价值而倾情分享与付出。余汉杰先生用实践和思想帮助他人，将不可能变成可能。

《注定成功秘籍》是余汉杰先生这位杰出香港保险业"传教士"的又一佳作。余汉杰先生通过把复杂的人性简化为DISC四个领域，希望借此能帮助每个人识别自己的性格特征，挖掘自身的性格优势，从而确定每个人拥有的成功元素。在此基础上，余汉杰先生坚信：每个人、每家企业都会实现从优秀到卓越的升华。作为英国保诚集团的一员，我为余汉杰先生在事业上的不断自我超越感到钦佩。作为中国保险业企业领导者之一，我诚挚地期待着在余汉杰先生这样成功保险人的影响下，中国保险业稳扎稳打，早日实现从优秀到卓越的升华！

谭强
信诚人寿首席执行官

自序

"智者理财" 的远景是成为亚洲卓越的、充满智慧的理财机构。

　　有一天，孔子的学生子路、子贡、颜渊三人与孔子讨论"何谓智者？"子路说："智者，乃使人知己。"世上有许多人总在埋怨别人不了解自己，因此能使别人了解自己，就称得上是智。孔子听了，只是微微一笑。接着，子贡提出不同的意见，他说："智者，知人之事。"即了解他人，知道他人的价值、性格及才能，能够做到如此地步，才算得上是智。孔子听了，认为把这种"知人"的人称为"士"就可以了，但还称不上士君子。当然，子贡的回答已比子路更进了一步。最后，颜渊起身直言："智者，乃知己。"孔子听了颜渊的回答，很是满意，极其欣喜，称赞道："正如你所言，这种人称得上是'士君子'了。"

　　老子曾说："知人者智，自知者明。"知人只是智者应有的智慧，真正的明达之士必先知己。在销售行业或是作营销管理，会有销售人员和顾客、主管和销售人员的关系存在。知己，看似一件并不难的事，其实比知彼要难；要了解自己很难，要战胜自己就更难了。我在同一行业、同一家公司工作了三十个年头，我把建立的行销机构命名为"智者理财"，期望企业能更有智慧地汇聚、培育更多智者。"智者理财"的愿景是成为亚洲卓越的、充满智慧的理财机构。

很幸运我有机会学习各种行为科学，包括 DISC 行为模型性格测试、MBTI 迈尔斯·布里格斯性格类型测试、Enneagram 九型人格测试、NLP 神经语言程序学等等，让我更认识到上帝创造人的奥妙，更明白别人多一点，更发现自己多一点。

在《注定成功秘笈》一书中，我选择了 DISC 性格测试，把复杂的人性简化成四个领域，让每一个人都能容易地"知己"和"知人"，找出自己性格的特点，发掘出性格特点潜藏的优点。

我相信每一个人都拥有他潜在的成功因素，也注定每个人都能够成功，我期待这一本秘笈能帮助更多的人走向成功！

余漢傑

2012 年 6 月于北京

目录

第一篇 9
注定成功，拜师学艺

第二篇 14
顺应基本法——行为分析

第一重天：驾驭自我的能力
"自知"者明——
自我调节，扩展弹性
22

第三篇 23
变脸四式 + 行为类型十二派

第二重天：驾驭他人的能力
"胜人"者力——
融合他人，海纳百川

第四篇 38
驭上式——理顺打工仔神经源

37

第五篇 57
驭客式——今时今日的服务理念

知人者智 自知者明

第六篇 73
驭侪式——同事三分亲

第七篇 84
驭下式——激励为本真领袖

第三重天：驾驭工作的能力
"自胜"者强——
忠于职责，演活角色

97

第八篇 98
专业增值秘笈——终身学习

第九篇 108
财务计划价值观

第十篇 116
时间管理价值观

第四重天：驾驭环境的能力
"天行"健——
因势利导，顺应环境

|125

第十一篇 126
降龙有法七大口诀

133

第五重天：
实践篇

张建华 134
成功的关键是学习成功

黄婷 142
成功的人生像长跑

安丽 151
成功的人生没有退路

李玉 158
不求成功只求内心的强大

田红 165
一路向前走的田红

杨进耀 176
十字街口，愿我踏出的每步都潇洒

符燕语 183
用自由的心描绘成功蓝图

黄予安 191
成功需要一颗执着的心

余汉杰 203
改变、改善、学习、克服、耐力，
上帝赐予我安宁和勇气

读后感 215
DISC 学习心得

感谢 218

第一篇

拜师学艺

注定成功

注定成功，拜师学艺

香港打工仔，每日工作"挨骡仔"①，不停努力地做、做、做，无非为扬名立万搏上位。要知道若非身怀绝技或技惊四座，在高手辈出的江湖打出名堂，望发达、当红人、做王者殊不容易。自古成功在尝试，所以我们鼓励你，尽快拜师学艺，修炼一门绝技，努力掌握真正的成功之道，才是闯荡江湖的上上策。

正所谓各师各法，三门六大派、三十六岛、七十二洞，各踞一方；每门每派都各怀绝学，各凭一些信念、心法、见解去认定如何修习成功之法。用不同的想法或见解分析成功之道，不外乎都要通过以下的现实因素，包括：金钱财力、人际关系、家族靠山、财团支持、学历专业，还有你自己的天分聪明，充分体现"有智慧不如趁势"的道理。我们不能完全否定以上元素在成功之道上起着的关键作用及影响力。

当你把目标放在个人专业、政界、公司企业甚至家庭方面，追求成功时，不论你修习的是内功还是外家功夫，都要配合时势，做到天人合一，万物为你所用，才能达至成功。虽然不少人心法已知晓，不过，他们仍旧跳不出牢

---

① 挨骡仔：形容像骡子一样辛劳。

笼，每日营役劳碌，做个不停，总是无法爬上"成功岭"、直攀"光明顶"。到底是所修习的这门功夫难登大雅之堂、修炼不得其法、还是因时日尚浅未能修成正果？实在万分迷惘。

顺应与变脸

与其他论及个人成功窍门的著作不同，本秘笈强调成功之道的重点，远比一般打工仔所持守的常见信念、想法或见解，具有更高层次及更强威力。正如金庸武侠名著《笑傲江湖》主角令狐冲修炼的"独孤九剑"，就算面对五岳剑派任何高超剑术，对手还是要甘拜下风，无与争锋。

这套"注定成功"的终极厉害武器，犹如中国国宝级的传统艺术——"变脸大法"，熟练者可以在举手投足间换上一个又一个脸谱，可谓出神入化，令人惊叹。

应用在我们身上的成功绝技，即称为"顺应神功"（Adaptable）。属于内家的最高心法，配合外家的顶级招数——全方位"变脸大法"，正是内外兼修，身处任何岗位都能"兵来将挡，水来土掩"。

古语"物竞天择，适者生存"似乎是大自然的法则，视设法生存为目标。他们为避免被后来者淘汰，必须要适应生存环境。对于生活在二十一世纪的现代人，"都市求生目标"不再仅为了生存，而是为飞黄腾达、名成利就。因此形成了现代人成功法则——"顺应现实和环境"。例如一个保险业务员要面对的保险市场，要面对的客人，均属对他有所要求的"外在环境"；相反，业务员身处在保险公司同事当中，便是跟他一同合作的工作环境。从生活的范畴来看，老板、父母、配偶及子女，均属"外在环境"的一个部分。所以现代打工仔只要善用"顺应环境神功"这一套终极绝技，御风而行，自然无往而不利。

顺应神功入门心法

怎样去顺应，如何去变脸，还要变得好，变得精明？成为当前的入门课题。老实说，道理如此浅显，亦不难去练成。先要搞清第一张"真正的脸"，就是我们自己的"本相"，就是先认识和了解自己的"本相"。总之就是将我们熟悉的那一名句："要赢人，先要赢自己"，再改一改，乃是："要赢人，先要'认'自己"。

举一个例子，你要成为一名出色的赛车手，不单指你出赛时车速必须比人快，就可赢得比赛。凭着一手高超驾驶技术及提升身体状态之外，你还要非常熟悉自己座驾的类型及性能，才能战无不胜，攻无不克。正如你一定先要掌握自己的性格、性情，才是修习"顺应神功"的入门第一重天。而本书之主旨正是论及不同岗位的人在不同处境时的原则及心法，让读者们无师自通。

由于现今打工仔，不再是争取由专业学历、人事关系或是聪明天分，来决定自己的薪金数量；而是争取自我真正能力体现。我们在此更可以定论：真正的能力，就等如"顺应"的能力。所以打工仔要克服的是"本领恐慌"，而不是"经济结构性恐慌"或是"政治恐慌"。"本领恐慌"才是最大的恐慌。

顺应成功，变脸无间

我们身处的香港已步入 M 型社会，特征是"分化两极"，一极是没有社会地位的穷人，另一极是具社会影响力的富人。"本领恐慌"之中属平庸者一类，最终都要沦落到贫穷人的一极。说明你身处在这个社会，不由得你去选择，真正是凭着能力带来的结果，会自动将你类分到两极的其中一端，绝对不会中间落墨，也就是说没有中庸之路可走。我们必须强调，并非由阁下"自选动作"，一切 Auto Scan（自动筛选）。

M 型社会，贫富悬殊，趋向两极化，情况愈来愈严重。所谓贫者或是富者，"To be or not to be"，不是指这人拥有多少资产、现金或股票，而是你掌握了多少真本领、超能力。所谓台上一分钟，台下十年功，若你勤加练习，心领神会，就能够"顺应成功"、"变脸无间"；要跳级到社会地位的富有一极，也就指日可待了。

第二篇

行为分析

顺应基本法——

顺应基本法——行为分析

"若练神功，必先自'通'"，不是武侠大师金庸笔下邪教教主东方不败修炼的《葵花宝典》基本心法，而是上一篇提及"要赢人，先要'认'自己"的顺应法则，这一切都沿自一套远古的学说——"行为分析"（Behavioral Analysis）。

"行为分析"至职业轮廓 (Career Profile) 进化论

"行为分析"源于公元前 400 年，由古希腊数学家及天文学家希波克拉底（Hippocrates）立论，他最早观察并发现人类的行为大致可分为四种不同类型。直至 1921 年，再由瑞士著名心理分析学大师容格（C. G. Jung）归纳为思考、感觉、知觉和直觉四种"感观行为"理论，并发展成为"内向型"和"外向型"两大行为类别。

其后，由 Career Profile 的始祖——马斯顿博士（Dr. William Moulton Marston）加以发展，应用到工作环境之中。这位在著名的哈佛大学先后取得文学士、法学士、哲学博士学位的出色辅导心理学家，发明了最负盛名的测谎机，并以查尔斯·穆尔顿为笔名，创作了"神奇女侠"的故事角色。马斯顿于 1928 年出版的《正常人的情绪》（The Emotions of Normal People）描述了我们今天所用的风格理论。他认为人的行为分为两极：一是倾向主动；另一是倾向被动。且个人在其身处环境中，可感觉到兼容或相冲。当两极导向（主动、被动）加上兼容、相冲，就出现了四种行为作风。而这四种重要因素为"支配"（Dominance）、"影响"（Influence）、"平稳"（Steadiness）及"适从"（Compliance），简称为 Career Profile，或"D-I-S-C" Profile。Career Profile 似乎已成为世界上最广泛使用的"行为作风评估工具"。这是"人类行为语言"，不会因为种族、法规、文化或经济地位而改变。它代表着一种可观察的人类行为与情绪。如今已被世界各地，国际性企业及各大机构广为采用。

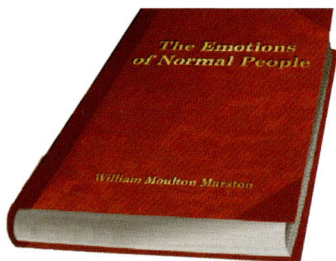

The Emotions of Normal People
AD 1928

William Moulton Marston
(1893-1947)

"D-I-S-C" Profile 的始祖
——马斯顿博士
（Dr. William Moulton Marston）
哈佛大学文学士、法学士、哲学博士。

行为分析应用于招聘及管理

当你身为部门主管，需要在日常招聘过程中接见求职者时，Career Profile 的分析能让你准确估量每个人的个人行为，让招聘的效果更理想，让被挑选入职的新人素质更有保证，让所掌握的遴选原则更具可靠性。

　　首先声明，"行为分析"（Behavioral Analysis）不等同"性格分析"（Character Analysis），两者看似雷同，其实大相径庭。每个人的性格、个性（Personality）的成因过于复杂，性格、个性所包含的范围既多且广，正所谓"江山易改，品性难移"，这句话本就可圈可点；有些性格可以改变，但有些是不能逆转的，只因其包含了以下条件：每个人的过去生活历史、所接受教育水平、背景、工作经验、甚至由遗传而得来的身体条件和智商等。而人的行为只是性格、个性外衍的其中之一种，性格、个性是"面"，而人的行为只是"点"，因此 Career Profile 行为分析不会以偏概全，去评估及衡量个人全面的"性格、个性"。

　　此外，当你需要按各人不同的性格、家庭背景、学历及以往工作经验，从多名求职者中挑选最适合人选，分配到不同的工作岗位，了解"行为"上的"训练"也是必须的。

　　首先，"行为"包含了什么内容？我们可举一个例子说明。例如在一个职业进修的课程中，所有前来进修的学员，均正襟危坐、聚精会神地留心聆听讲师授课，但每个人前来上课的背后都"各有原因"。"他为什么来上课"？有人抱着终身学习的态度；有人用上课来打发时间；更有人为追求班上女同学而来；各有不同目的。又例如每一位通过保险经纪人投保的客人，他们背后的"为什么"，亦有不同。

　　这个"为什么"并非是当事人的一个行为，而是他的价值观（Value）或是动机（Motive），而这个"为什么"

就成为行为分析的一个部分。

跟"行为"的"为什么"不同,"行为"本身就是人表现出来的可以看得见的部分(Observable),即是"影像"。例如查理·卓别林的哑剧电影,本身是没有声音,但可见到有动作,无声却有动作,它有效地传达着"行为"的讯息。

"顺应神功",无师自通

每人都有其惯常的行为表现,在工作和日常生活中不断重复地出现。而要探索我们的潜力所在,就必须要对我们的行为习惯,加强自我了解和觉醒,才可以进一步制订一套最合适自己的职业发展策略。换句话说,"顺应神功"可以自我修习,自行修成正果。

因为行为分析与工作绩效的关系十分重要,在西方发达国家,几乎所有的企业都使用行为分析,作为管理者甄选、录用、晋升员工的依据。行为特性在一定程度上决定了当事人适合什么样的工作,及可能取得的绩效,因此可以通过诊断一个人的行为特征,作为确定其事业成功的"部分"可能性分析。

研究证明,行为习惯会影响到职业选择、工作满意度、压力感、领导行为和工作绩效等各方面。Career Profile描述个人工作的优势,在工作中应注意的事项以及一些特性倾向等。例如:如何影响他人?对团队的贡献是什么?

什么时候处于激励状态？这能使当事人更加清楚地了解自己的个性特征。

"四个维度"里应外合

"D-I-S-C" Profile 的"行为分析"，就是让上班族透过研究自我或别人的属性，从而准确估量别人的个人行为，捕风捉影进而抢占先机。不过单单知道各人属性还是不足以应对，因为人类的行为是复杂的，千变万化，加上跟不同外在环境的互动关系，亦令"行为"充满变数。因此要全面掌握"D-I-S-C"不同类型的所有"行为轨迹"，不妨按照以下"四个维度"，做出分析。

我们相信，"行为"是由"人"和"事"所组成，某人正在从事某事，就是"行为"。这些"人"包括"自我"和"他人"，凡修习"顺应神功"者，先要修练内功，对于"自我"就要达到自知的境界，打通"任督二脉"；而对外者，更要"周身刀，张张利"。由于本书名为《注定成功秘笈》，用意就是协助各位职场中人雄霸职场，因此我们后继数篇的分析"他人"的部分，仅集中在上司、下属、同侪、客户等几类人。至于将"顺应神功"应用在工作以外的范畴，例如夫妇关系、姻亲关系、朋友关系等，都是一里通百里明，只要略加调整，"顺应神功"同样大派用场，在此不作细表。

而工作上的"行为分析"体现在"事"的方面，也需要"里

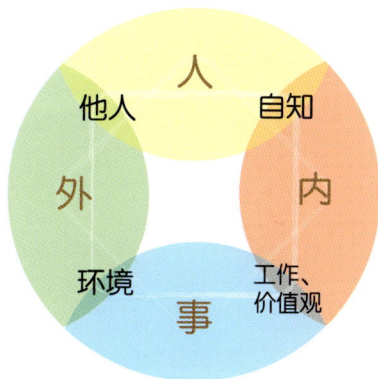

应外合",因为"D-I-S-C"不同类型的人士,可以对"工作、价值观"各自表述,不尽相同。有人"工作为两餐",也有人"工作第一、家庭次之",这些都是不同类型人士的内在演绎。不过,外在的"环境"因素,也会对个人的"工作行为"内外牵引,影响表现和绩效。

因此"四个维度"会产生"里应外合,互为影响"的效应。简单而言,只要在职场中通晓当中窍门,内功外功一并练成,达至"顺应神功"的终极境界——天人合一,这样"雄霸职场、注定成功"也就指日可待。

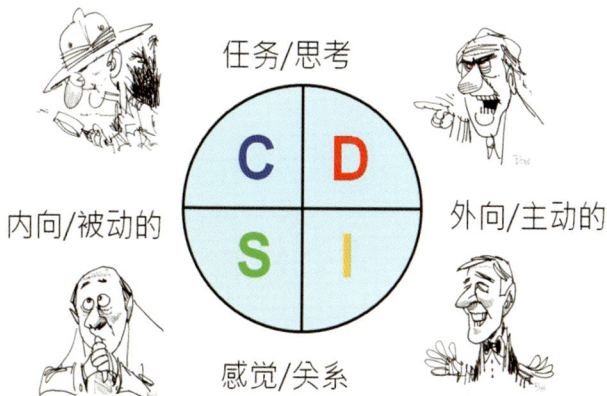

第一重天

驾驭自我的能力

『自知』者明——自我调节，扩展弹性

自知

『人贵自知』，确是古圣贤人留给大家的文化遗产。

要练成『顺应神功』，就要从『人』和『事』两大范围入手钻研；而在当中，又以『人』这一因素最先要摸清。此外，正是『先安内而后攘外』，任何学习都要先从内在起步，由心法开始逐层修炼。因此要练成『顺应神功』的入门第一重天功力，就要先从『自知』修炼开始。

第三篇

变脸四式

行为类型十二派

+

变脸四式 + 行为类型十二派

Career Profile 具有以下特点：（一）适合一般正常的员工；（二）其分析与管理绩效相关，能很好地描述员工的个性特征（优势、劣势等），并能预测每个人的领导特征和情绪稳定性等；（三）测验时间短，简单易行；（四）有比较完善的解释体系。当然，每个在职的员工，包括阁下都可以加以使用，并根据以下提及的"变脸四式"，跟上级或导师进行自我完成，从而提升个人事业成就。

第1步：觉醒（Aware）
通过 Career Profile 行为分析，洞悉个人行为模式，了解个人"强"与"弱"。

第2步：接受（Accept）
听取专业建议，订立最适合个人（性格）发展的计划，以求"人职匹配"。

第3步：蜕变（Alter）
在特定的时间内"变脸"，实践出理想的行为模式，与导师、经理或教练一起做出不断地检视和修正行动计划。

第4步：达成（Achieve）

达成原定的职业目标，获得理想回报，成功提升个人事业成就。

分析工具的特点

"自知"者，就是通过 Career Profile 的一系列的自我分析入门指南，从内而外，由浅入深地逐渐自知。因此所有要修练"顺应神功"的朋友，都必经这一个分析阶段。而 Career Profile 这一种行为分析工具，它包括 24 组描述个性特质的形容词，如用在招聘或晋级考核上，应征者要根据自己的第一感觉，从每组四个形容词中选出最适合自己和最不适合自己的形容词；这些形容词是根据"支配性"（D）、"影响性"（I）、"稳定性"（S）和"服从性"（C）四个测量维度，以及一些干扰维度来选择的。研究表明，这个测验所考察的维度与管理绩效相联系，为企业的人事甄选、录用、岗位安排提供了良好的测评方法。（上述这个分析测验，可以在附录进行。）

当完成上述的测验，并取得类似以下的"D-I-S-C"四个测量的维度分析图，便可以进行行为分析。以下提供的简易批注，把各类行为表现大致分为 12 类（即"行为类型十二派"），有的人可以同属于多于一种行为类型，并不稀奇。

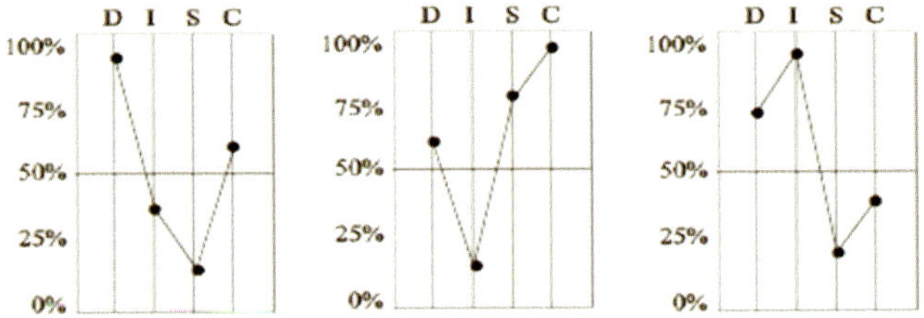

注定
成功
秘笈

"行为类型十二派"

第一类型：

图中"D"的位置在中线以上，"I"的位置在中线以下，"S"及"C"可在任何位置。

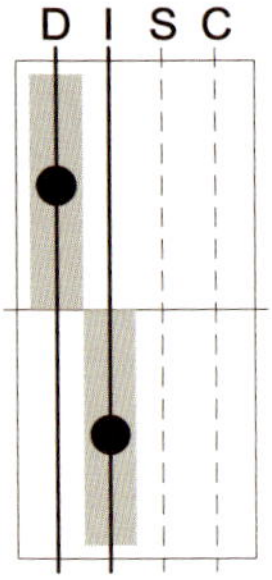

倾向：

判断他人的标准：沟通与思考的能力。

影响他人的方案：友善，对成果充满期盼。

极端时：倚靠职权和自己的方法。

受压时：变得焦急，没有耐性。

第一类型

改善绩效的方法：

——当期限延误或过期时，不要过于急躁。

——要跟进完成，抱较低期望。

第二类型：

图中"D"的位置在中线以上，"S"的位置在中线以下，

"I"及"C"可在任何位置。

倾向：

判断他人的标准：能否按时完成工作量。

影响他人的方案：个人不屈不挠，持续
不放弃的精神。

极端时：倚靠自己，自我为中心，
不信任别人。

受压时：坚守固执，不形于色，寡言。

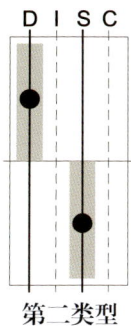

第二类型

改善绩效的方法：

——不要只顾及自己订下的准则。

——明白了解别人的优先次序。

第三类型：

图中"D"的位置在中线以上，"C"的位置在中线以下，"I"及"S"可在任何位置。

倾向：

判断他人的标准：能否迅速完成
任务的能力。

影响他人的方案：以个人性格的威力，
坚定不移。

极端时：挑战和竞争。

受压时：变得沉默和过度分析。

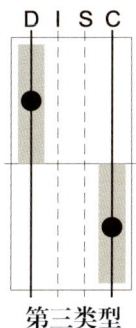

第三类型

改善绩效的方法：

——避免过于激烈。

——不要随便漠视别人意见或独断专行。

——要有耐性。

第四类型：

图中"I"的位置在中线以上，"D"的位置在中线以下，"S"及"C"可在任何位置。

倾向：

判断他人的标准：是否拥有影响别人的能力。

影响他人的方案：鼓舞、激励及具有魅力。

极端时：太过热诚。

受压时：不停说话。

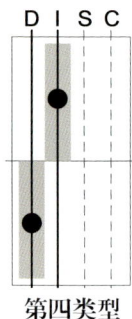

第四类型

改善绩效的方法：

——避免以感情去决定。

——需要时，不惜与别人持不同意见。

——设定实际期限。

第五类型：

图中"I"的位置在中线以上，"S"的位置在中线以下，"D"及"C"可在任何位置。

倾向：

判断他人的标准：别人对人际关系的
忠诚情况。

影响他人的方案：个人魅力，以自己
作为别人的榜样。

极端时：易于接受，容忍。

受压时：心怀不满，忐忑不安。

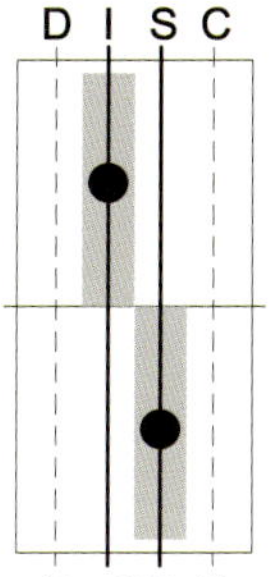

第五类型

改善绩效的方法：

——可能情况下，表现果敢决断。

——不怕冲突的情景。

——加强自主性，具压迫感。

第六类型：

图中"I"的位置在中线以上，"C"的位置在中线以下，"D"及"S"可在任何位置。

倾向：

判断他人的标准：他们能否了解语言和
非语言的暗示。

影响他人的方案：有信心。

极端时：强于说话及指令。

受压时：多说话并词锋凌厉。

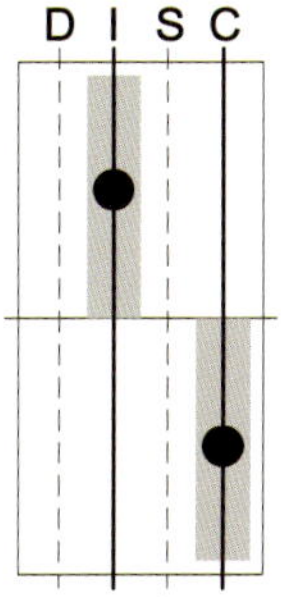

第六类型

改善绩效的方法：

——不可过分分析。

——避免过多的数据。

——提出及坚守自己的看法。

第七类型：

图中"S"的位置在中线以上，"D"的位置在中线以下，"I"及"C"可在任何位置。

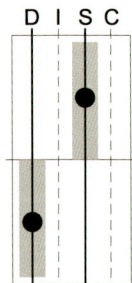

第七类型

倾向：

判断他人的标准：别人的奖项及
过往成功经验。

影响他人的方案：不会轻易放弃。

极端时：不懂得礼貌和直言。

受压时：欠缺弹性及不顾后果。

改善绩效的方法：

——运用新思考去解决问题。

——不要抗拒可能会感到不自在的新情况。

第八类型：

图中"S"的位置在中线以上，"I"的位置在中线以下，"D"及"C"可在任何位置。

倾向：

判断他人的标准：可信程度，

　　　　　　　　是否忠于自己。

影响他人的方案：体谅及关系。

极端时：决策时会感情用事。

受压时：倒退不前。

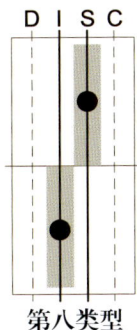

第八类型

改善绩效的方法：

——果敢的决定，有己见。

——欣然接受自己的决定，坚定不移。

第九类型：

图中"S"的位置在中线以上，"C"的位置在中线以下，"D"及"I"可在任何位置。

倾向：

判断他人的标准：是否能掌握及

　　　　　　　　运用最新信息。

影响他人的方案：持续跟进，

　　　　　　　　不断检讨反思。

极端时：一成不变，依循固有模式。

受压时：变得固执，主观。

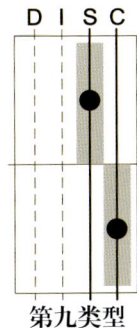

第九类型

改善绩效的方法：

——相信自己眼光。

——可多做直接果断的决定。

——表达意见立场。

第十类型：

图中"C"的位置在中线以上，"D"的位置在中线以下，"I"及"S"可在任何位置。

倾向：

判断他人的标准：别人的要求。

影响他人的方案：为别人建立系统及步骤。

极端时：盲目笃信史实及数据。

受压时：无法拒绝承担更多的事情。

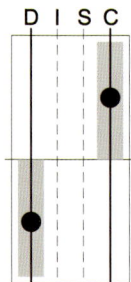

改善绩效的方法：

——加强敏感度。

——避免直接批评，吸引更多优质意见。

第十一类型：

图中"C"的位置在中线以上，"I"的位置在中线以下，"D"及"S"可在任何位置。

倾向：

判断他人的标准：专注权威的人和事。

影响他人的方案：运用良好

人际关系策略。

极端时：投机取巧，善用机会。

受压时：过分温婉顺从。

改善绩效的方法：

—— 采用他人的建议。

——订立实际可行的目标。

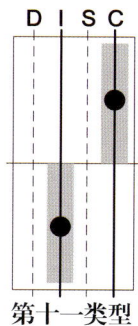
第十一类型

第十二类型：

图中"C"的位置在中线以上，"S"的位置在中线以下，"D"及"I"可在任何位置。

倾向：

判断他人的标准：凡事都要精确无误。

影响他人的方案：诚信可靠，见微知著。

极端时：常规化及按程序执行。

受压时：固守己见。

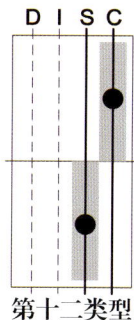
第十二类型

改善绩效的方法：

——针对现状表明自己的真感受。

——不要因为别人和个人喜好，而放弃对目标的坚持。

——加强自信心。

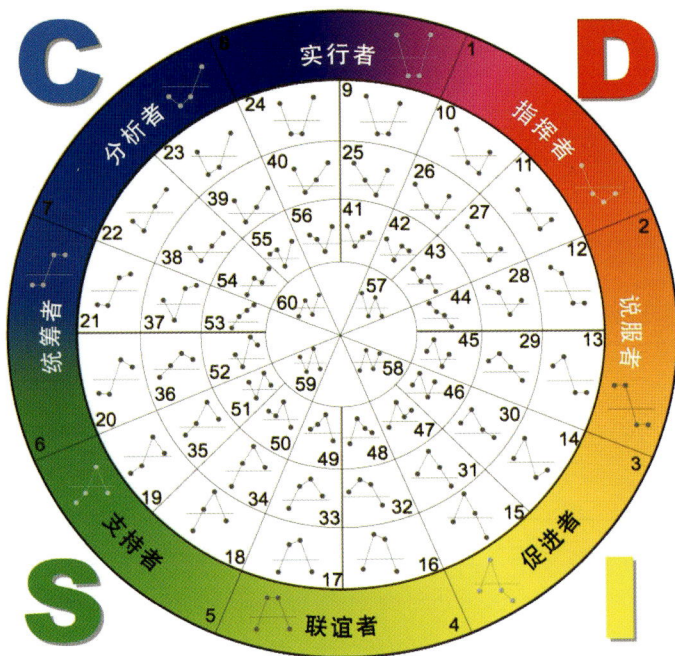

"D-I-S-C"四个测量的维度分析图可以细化成 60 种图形。

察言观色招聘大法

行为分析，除了可以自我了解和分析外，也能应用于招聘及挑选人员的程序。其首要是对有关人士进行观察。如果你见到一个人的外显性行为，显示那人外向主动（Extroverted）的性格，那么你会观察到以下的外向主动行为，例如：他十分主动去结识新朋友，而这些便是看得见的部分（Observable）。此外，除了眼睛看到的部分，耳朵听到的一切声音，例如一些人说话的频率，高低抑扬，以及节奏快慢，亦属于 Observable 的范围。因此，当需要挑选最合适的求职者入职时，就必须通过外在行为及其说话特征来观察。

通过观察人的行为去认识及了解人的性格，例如区别某人的性格、个性是外向主动（Extroverted）还是内向被动（Introverted），则可研究他的行动及思考这两方面的范围。当观察到一个人的行动时间多、思考时间少，可判断他是外向主动，而观察到一个人思考时间多、行动时间少，相对而言，他就是内向被动的人。

性格、个性外向主动的人，优点是善于把握机会、做事快见效益、有较强自信心；而缺点是作风较为冒进，做事容易出错。反之，性格内向被动的人，优点是为人小心、做事仔细准确性高，较有条理；其缺点是思虑过多，以致容易错失良机。从这一点可以推论，通过观察一个人的行为，是可以了解他的性格、个性类型，虽然这不是性格的全部，但也可略知一二。

第二重天

驾驭他人的能力
『胜人』者力——
融合他人，海纳百川

知彼

知己知彼，是『顺应神功』的不二法则。虽然『江山易改，品性难移』，但要处理『人』的范围，对很多人而言都是驾驭别人远较揣摩自身更难。毕竟人各有志，更何况打工族在修习第二重天时，要驾驭的包括上司、客户等金主，平日相处都可能发现各种类型的人，苦头吃尽。难怪修炼『顺应神功』者踏入这个阶段，有时都会『老鼠拉龟，无处入手』。由于当中涉及的复杂性，本秘笈决定从四个不同的方向『传功』于你，助你打通职场人际关系的『奇经四脉』——上司、客户、同侪和下属。只要这些脉络血气畅通，当能舒筋活络，个人功力亦能百倍提升，达到『打遍职场无敌手』的境界。

第四篇

驭上式——理顺打工仔神经源

驭上式——理顺打工仔神经源

对于不同的打工族而言，提起"老板"这两个字准会刺中"穴位"，触动神经脉络，不论是奉若"武林名宿"一样由衷钦佩，还是视为仇敌一样咬牙切齿，总会情绪翻波，真情流露。不少人对这位"米饭班主"又爱又恨，更多的人对上司是"一腔怒火"，忍不住要力斥其非。打工族茶余饭后的热门话题，大多离不开"数臭上司"这个话题，说起"老板"，随时会触动打工族的神经，要闭关疗伤一番。

其实上司或老板都并非世外高人，都有性格特点及人性"死穴"，"一样米养百样上司"，若可以对自己上司进行"行为分析"（Behavioral Analysis），知悉他是哪一类型的Boss，配合修炼成本章的"驭上式"，就可以凭着一身应对心法，在过招前事事抢占先机，或凭着应对的策略后发制人，"老板"这两个字就不再是你的"百会穴"。

D型掌门人

D型（DOMINANCE，代表支配）人有"指挥者"的性格，天生有"掌门人"的个性，一旦他们当老板或上司，有机会独霸一方时，就很容易会变成"独裁者"，唯我独尊；搞不好的话，在他属下干活的雇员便如"奴隶"，被摆布的滋味绝不好受。D型掌门人的性格特质如下：

直接、控制、独断。

独立，追求成功的动机强烈。

喜欢掌握状况。

好胜，进取心强。

喜欢挑战。

不信任别人。

不善于关心别人或激励别人。

容易与人保持距离。

主观与自负。

支配度很高的D型掌门人思想自我，很容易让别人依他们的方法做事。具有这种特质的人会对事物做全盘的考虑，并看情况是否有利于满足自己的需要。他们会主动掌控环境，当现况不利时，D型掌门人通常能压住反对者的声音。

这类型的人物果断、反应快、擅言词、人际关系尖锐而不圆融。因为他们以事为本，并要求有具体的结果，他们厌恶犹豫不决、没有效率的工作环境，因为具创新改革的勇气，所以他们也常常成为组织中的火车头，领导群雄。在追求成功的过程中，由于不信任他人，所以他们不会要求或预期周遭的人伸出援手。如果情势的发展无可避免要求助于外援，他们还会直接"号令天下"，而不会请求合作，低声下气。

D型掌门人有目标、有眼光、有创意，更勇于实践目标，他们的成就感来自独占鳌头，把对手远远甩在后方的快感，他们的征服欲望甚强。对他们而言，在字典里找不到"困难"二字，他们相信"事在人为"，有超强的抗压力。一方面他们不逃避、勇于面对，更重要的是他们懂得"卸功大法"，会将压力转嫁给部属，因此指挥者的特质过强时，就不容易维系赤子之诚的人际关系，围在他们周遭的都是生意往来的人士。D型掌门人自信满满，有时会忽略别人的感受，对人的需要较不敏感；有鉴于此，作为下属的你必须有能力处理较为琐碎的事物，自求多福。

S型下属合拍D型掌门人

面对D型的掌门人，不论作为下属的你是属于"D-I-S-C"四种行为分析的任何一种，都要格外小心，因为D型掌门人有不信任别人的特性，身为下属容易觉得没有被尊重及关心，特别是D型掌门人不善于关心别人或激励别人，在这种情况下的下属往往会觉得无助及被忽略，故要有心理准备。

而在四类行为分析的下属中，D 型掌门人与 S 型下属是"至尊组合"，因为 S 型属"修正式"，属少说话、多做事一类，且事情做得对和准；故跟喜欢命令、只讲求成效及追求成功动机的 D 型掌门人，可谓相当"合嘴型"，其两人共事关系，亦较偏重于从上而下、单方向的命令与接受。

虽然跟 D 型上司是天生一对，但是身为 S 型下属的你还是要注意自己的缺点，以免"走火入魔"。当 S 型下属收到职责命令时，由于有时不易当场表达情绪，到场时可能立即"Say yes"，但转瞬间感受到工作压力时，就会反弹和爆发，只因"越想越想不通"。因此 S 型下属要学习加快反应，及给予空间沉淀和反思，切勿出尔反尔，又要接 Job 又反悔，这样更易触怒性格直接及独断的 D 型掌门人，双方关系变成适得其反。

D 型掌门人代表者——拿破仑

D for DOMINANCE，即支配，代表着直接、控制与独断，古希腊人相信"血"与"火"是支配的象征，一语道出了此种人格的激烈特质，他们扮演的是一个"指挥者"。

古往今来，D 型掌门人的代表者，首推法国枭雄拿破仑。公元 1799 年 11 月 9 日，拿破仑发动了"雾月政变"并获得成功，成为法国执政者，实际上为独裁者。这位在法国大革命后称帝的军事家，获得不少法国人对他的推崇，后来其以军事力量横扫整个欧洲。他深受爱戴，并不只是因为他打了多场胜仗，而是因为他给法国人带来了荣誉感。

拿破仑是性格鲜明的指挥者，每每上战场都指挥若定，非常独立，追求成功的动机极强，且经常要别人听命行事。他喜欢挑战，好胜心与进取心让他鲜有从困难或危险的情况中退缩；相反，他会在逆境中努力完成目标。正如歌德称赞他："胸怀智勇者，无所畏惧，轻捷地走向通往王座之路。"拿破仑一生参加的战役达到六十多场，大多亲自上阵指挥，胜仗比败仗多，直到最著名的滑铁卢战役战败为止。今天这些战役在军事史上依然有重要意义。

以他选定贝尔蒂埃当他的参谋长为例，贝尔蒂埃就是个典型的 S 型下属。贝尔蒂埃非常勤劳、仔细，他能陪同主将作任何的搜索和观察，而不耽误日常公务的处理。他虽然缺乏果断，不适合指挥工作，但却具备一个优秀参谋长的一切素质。

D 型领导 VS D 型下属

这组合很大机会争拗较多，不会是很好的拍档，但也可能会是个大格局的组合。

其利：

D 型领导需要的是权力，尊重其权责有助双方沟通。

偶尔会有言语的冲突，但多数是就事论事，切勿对领导怀恨在心。

其弊：

当众冲突，或指出其缺点，会适得其反。

D 型领导不会为一些客观环境的规定，而阻碍其开创性，但有时会流于不切实际。

千万别不给 D 型领导子弹与粮草。

D 型领导 VS I 型下属

D 型重理，I 型重情，这是不同的性格。

其利：

提醒领导，在不同场合都去关心与奖励下属。

协助领导，在计划中要向同事多交待人的因素。

其弊：

I 型下属处事太顾及细节，或会记录过多琐碎的数据，令 D 型领导反感，引起争执。

D 型领导 VS S 型下属

D 型领导与 S 型下属是很好的上下关系组合。

其利：

S 型下属要配合 D 型领导的步调。这样的共事关系，较偏重于单方向的命令与接受。

其弊：

S 型员工不易当场表达情绪，可能立即应允，但会在瞬间感受到压力，易生冲突。

D 型领导会经常没有预告即进行改变。

D 型领导 VS C 型下属

C 型下属是公司很好的咨商对象，可以向 D 型领导多发挥这方面的作用。

其利：

C 型下属缓慢的工作进度，要定期交上进度报告，让 D 型领导安心。

其弊：

切勿因人而设制度，造成法令紊乱。

I 型掌门人

I for Influence（影响）。如果你遇上 I 型掌门人，就要恭喜作为下属的你，因为即使那位上司不是事事能干，但由于这类上司是沟通能手，所以每日的工作可以通过沟通来理清，而且团队气氛融洽，因指导不明而"白做"或被忽略的情况，通常都大大减少。阁下不妨按自己所属的"D-I-S-C"类型，参考下表中跟不同上司相处的拆解方法。I 型掌门人被称为"社交者"，他们有以下特质：

良好的沟通与说服能力。

乐观，口才好，较圆滑。

对人际关系的感受较敏锐。

喜欢团体的气氛。

为人即兴，步伐快。

容易信赖别人，有很好的人脉网络。

做事时较为冲动。

不太重视细节的个性，有时会让效率打折扣。

重门面及第一印象。

跟人沟通时，选择自己想听的部分。

I 型代表者：猫王—皮礼士利

影响代表着爽朗、友善、外向、温暖与热情。他们扮演的是一个"社交者"的角色社交者，喜欢交朋友，容易接近，希望与他人见面并交谈。他们天生信赖他人，极欲认识并讨好周遭的人，这是不喜欢社交活动者所无法理解的。他们希望与周围的人有正面的互动，而友善开明的作风也常使他们得以维持这种关系。但易冲动、心直口快或偶尔无理的行为，却使他们有时显得情绪化。不过，纯熟的社交技巧及天生聪明的沟通能力，往往使他们在身陷困境后，终究能"说"出重围。

社交者总是保持快节奏，活泼、凭直觉办事。他们的行动和决定往往都是潜意识的，他们不太顾及准确的事实和细节，有时还会刻意回避，因为他们认为"这些事情会扰乱我"。由于他们不计细节，所以常会夸大或笼统地对待事实和数字；他们喜欢大概地估计，而不是确实地观察分析数据和资料。

社交者具有即兴、敏捷的思考能力，所以点子很多，说服力又强，所以常能使别人对他们的梦想产生兴趣。他们有影响别人和改变环境的能力，善于透过团结众人来获得成功。

社交者爱说话，很能炒热气氛，所以堪称是真正的娱乐节目演员，喜欢拥有听众和鼓励别人，所以最怕孤独、最怕没有电话机。他们往往跟着自己的直觉走，敢于冒险，寻求对自己才能及成就的肯定，也往往能迅速而热情地与人共事。

在工作环境中，他们希望别人敢勇于尝试，行动敏捷。

在社交场合中，他们喜欢别人不拘束、举止大方、令人愉快。

社交者最不喜欢的事是乏味的工作 ，他们许多人从事的职业是销售、娱乐、公关、旅馆等有刺激和能抛头露面的工作。

社交者所在的空间也许杂乱无章，但他们却能察觉到什么东西不见了。他们的墙上可能会挂着奖状、口号、激励标语或提醒自己注意的事项。他们摆放椅子的格局会透露出他们的温馨、坦率及诚意。由于社交者喜欢身体接触，所以他们不在意你拍拍他们的后背或热烈地握手，在交谈时也不在意对方更换座位、与自己站得很近或玩弄他们办公桌上的东西。

社交者的优势是热忱、有说服力、令人愉快、有社交能力。弱势是参与过多的事情、缺乏耐心、注意力不持久、容易感到乏味，且过度依赖感觉行事，因此好坏差异颇大。喜欢时，他会充满热情与活力；不喜欢时就像泄了气的皮球，前后往往判若两人。

I 型领导 VS D 型下属

你会是 I 型领导很好的辅助，因为彼此的步伐一致。

其利：

I 型领导会照顾 D 型下属的感受，故你有动力去发展自己的能力。

D 型下属要学习感谢 I 型领导给予的肯定与鼓励。

其弊：

I 型领导无法让 D 型下属有清楚的目标，你也会发现团队中没有人处理后续追踪落实的问题。

有时会觉得领导不公平，个人好恶过于明显。

I 型领导 VS I 型下属

这是一种快乐的组合，是非常强调感觉与默契的组合。

其利：

跟上司最好公私分明，在金钱及情感上尤要小心。责任与目标分清楚，要就事论事。让 I 型领导不只有意见，更要提供方法。

其弊：

别在一方情绪不佳的时候谈事情。

别对彼此吐苦水，而要互相打气。

别让面子阻碍到问题的解决。

I 型领导 VS S 型下属

上下都很关心人的人，很注重和谐与快乐的感觉。

其利：

S 型下属不喜欢做决策，常会犹豫不决。I 型领导的自信对 S 型下属是蛮好的依靠。

其弊：

过度感性，只为维系人际和谐，而忽略工作实质进展。

I 型领导 VS C 型下属

I 型领导的随意性与 C 型下属的自制，正是一个互补型的组合。

其利：

C 型下属最大的好处是给予 I 型领导最好的分析能力、精确度及效率。

其弊：

I 型领导有时只有死板的规范，而丧失了更新的做法。

S 型掌门人

S for Steadiness（平稳）。相比起 S 型的下属，一旦 S 型的人成为领导，他们性格特质仍然保留。被称为"支持者"的 S 型人，他们的特质如下：

对人十分友善。

做起事来慢条斯理。

随和，比较没有原则。

温和地表达情绪。

过分小心。

会关心他人。

S 型的掌门人，由于处事"气定神闲"，喜欢按部就班，故员工要让上司多些时间来适应你，各类处事激进或前卫的员工如 D 型及 I 型，尤其要注意。此外，S 型的掌门人因不敢多作要求，每每"多一事不如少一事"的性格，致使他们会揽下很多工作到自己身上，是别人眼中的苦干型领导。

而 S 型的掌门人最大的缺点就是进取心不够，对公司的发展缺乏高瞻远瞩，这样的领导者如果统管愈大的团队，担任愈重要的岗位，就愈会见到性格缺憾带来规划不足的恶果。员工在掌门人没有提供明确的方向及发展蓝图之下，不知为何而战，漫无目标。

S 型掌门人代表者——董建华

要数到 S 型的掌门人例子，令人记忆犹新的就是香港特区第一任行政长官——董建华，若随处做个街头访问："董特首是好人吗？"接近九成的被访者都会盛赞"董伯伯"是一位慈祥的长者，诚实敦厚，性格随和，而且为人友善。无论是支持者还是异议者，对他都有一点共同的评价："一个好人"。只是一般人对这位"绝顶好人"的领导评价却无甚特别，管治能力更是不敢恭维。

最一针见血的批评，来自当时的中国国务院总理朱镕基，他在一个公开场合向特首及一众特区领导班子训话，指香港很多事情都"议而不决，决而不行"。这很配合 S 型掌门人随和的性子，做起事情来就变得散漫，在讲求效率的领导人眼里就不够果断，拖拖拉拉。

在董特首因健康理由请辞后翌日，他的前下属、行政会议召集人梁振英在电台节目中说："他（董建华）没有做政治人物会做的事。"并指董建华管治风格是不"作秀"，不像西方政客一样巡区，抱抱小朋友、吃蛋挞、饮凉茶，大演亲民作风，他时刻都试图以道德、伦理教化去感召身边的人，不厌其烦地解说："香港好、祖国好；

祖国好、香港更好"的道理。S 型的掌门人，就是懒得做门面功夫。

那些曾跟董建华做过访问的记者，都对他留下一贯印象：细心、亲和，而且他从不骂人，也从未公开动怒。即便是在最恼火的时候，也只是摇摇头，叹一口气。至于 S 型掌门人的苦干型性格，在董建华身上也同样出现。在其特首任内，他曾被认为是世界上最刻苦的政府首长之一。传媒戏称他为"7·11"，意思是他从来都是从清晨 7 时工作到晚上 11 时；后来他更被人说变成了"4·11"。如今董建华虽已辞任，却依然每天伏案工作 8 小时，对于一个近七十岁的老人而言，如此辛劳大概跟事事都亲力亲为、而不分派工作于下属的性格有关。

S 型领导 VS D 型下属

D 型下属强项是执行专业，冒险性突破困局，替裹足不前的 S 型领导打江山。

其利：

D 型下属要学习表达"友善"，收敛自己的主观、自信，勿咄咄逼人。
D 型下属要表达效忠、支持 S 型领导。
D 型下属要给 S 型领导多一些时间来适应你。

其弊：

丧失了 S 型领导者的威严。
出现"会吵的孩子有糖吃"的现象。

S 型领导 VS I 型下属

这是一个有人情味的组合，但要一起学习以目标为导向。

其利：

S 型领导喜欢按部就班，I 型下属则常有些新点子，双方要包容。
I 型下属要改善沟通能力，特别是对慢条斯理的 S 型领导。

其弊：

不愿意要求时效地执行工作，完成无期。
因私谊影响到工作质量。
S 型领导因不敢要求，而揽下很多工作在自己身上。

S 型领导 VS S 型下属

这是一个彼此都被动的组合。

其利：

他们有很好的同理心，愿意站在对方的角度上思考。
要调整自己更有理性地看未来，不要过于保守，不要畏惧改变。
他们和谁配合都很适合，因此在信任下，他们会因任务的需要而"扮演"好任何一种角色。

其弊：

太含蓄，不把话说清楚。
过度的自责削弱前进的动力。

S 型领导 VS C 型下属

双方都是被动一族。

其利：

不要老是觉得 S 型领导不进入状况，这是他的步伐。
C 型下属不太容易主动去寻找支持，面对 S 型领导要主动开口，因为这类领导也很被动。

其弊：

过多的模糊地带。
没有明确的方向，不知为何而战。
对 C 型下属的问题，S 型领导没办法做出有力清晰的响应。

C 型掌门人

C for Compliance（适从）。C 型掌门人被称为"思考者"。阁下不妨按自己所属的"D-I-S-C"类型，参考下表中跟不同上司相处的拆解方法。C 型掌门人的特质如下：

凡事都讲求精准，重流程。

对质量的要求颇高。

凡事都讲求就事论事，实事求是。

为人比较严肃和理性，没有太多的口语表现和肢体动作。

处事欠缺变通，不够灵活。

C 型掌门人代表者：星际争霸战的史巴克

服从代表着组织、细节、事实、精准与准确。他们是一个"思考者"。

思考者，天生被动，只有在他人要求时才会发表意见，因此他们常被误认为是缺乏企图心的人。其实他们也一如支配度高者，希望能控制环境；但不同的是，被动的性格使他们希望透过组织与程序、规章来掌控环境，因此他们会坚守规则与清楚的行为规范，呈现出"以规则为导向"的作风。而这样的作风绝不只限于企业的规则架构或既有程序，他们有自己的行为准则，且重视规矩与传统。他们厌恶压力，遇到困境时多采取逃避的策略，在极度艰难的情况下，他们倾向于忽略问题或延迟行动，直到无法再躲为止。由于他们讲求事实与细节，这样的实事求是精神使他们较为博学，也较易具备某种知识或技术，因此技术性或信息整合性的工作较能吸引他们，也较能让他们一展长才。

思考者追求完美，办事认真，有条理。如遇到意外和差错会很气恼。对那些没有条理、违背逻辑的人感到很头痛。他们的思维结构严谨，不怎么喜欢与人合伙工作，喜欢独自、缓慢而细致地做自己的事。他们喜欢智能型的工作，习惯于怀疑，喜欢看已具体成文的东西。

在工作环境中，思考者希望别人讲信用、专业化。

在社交场合中，他们希望别人诚挚、有礼貌。

能吸引思考者的工作通常是会计、财务、工程、计算机程序、基础科学（化学、物理、数学、法律）、系统分析和建筑。有许多公务人员，因为环境的塑造，也多具备有此项特质。

思考者的墙上常会挂着他们喜爱的艺术作品、与工作有关的表格、说明或图片。他们不喜欢与人有身体的接触，喜欢与人保持一种礼节性的距离。他们脸部表情很少，因此很难看到他们情绪的变化，搓下巴，摸鼻子的沉思是他们的习惯。与人交往时，拥抱不如握手；电话交谈时，长话不如短说。

思考者的优势是准确、可靠、独立、持久、有条理。他们的弱势在于缓慢、保守、较苛求和过分小心。看过《星际争霸战》的人可以回忆一下，科学官史巴克是不是此类型人的代表人物呢？

C 型领导 VS D 型下属

两人都实事求是，最大差异是对办事速度的感觉。不太容易包容对方，容易视对方为竞争对手。

其利：

C 型领导将自己定位为"策略家"，考虑一些政策方面的分析发展性，精确推演可能的变化。

其弊：

跟 C 型领导执着于义理之争，而忘记了彼此的身份与职位。

彼此不信任，C 型领导或会担心 D 型下属会超越自己。

C 型领导 VS I 型下属

互补型的组合。常有驴唇不对马嘴的情形，因为一个快、一个慢，一个重视人、一个却强调事。

其利：

C 型领导重视 I 型下属自己的点子、计划与梦想，以补充自己的不足。

其弊：

C 型领导让人觉得很难亲近，因而下属会觉得激励不足。

C 型领导只在法理上站住脚，I 型下属的感觉很多时候都没有受到注意。

C 型领导 VS S 型下属

其利：

S 型下属是 C 型领导的绝佳幕僚，两者都习惯于专注在一个目标上。

其弊：

C 型领导空于策略规划，却无强力执行的能力，身为下属的你会百上加斤。

C 型领导 VS C 型下属

在科学园区里有许多这样的组合，过于被动，非常重视数据，有颗冷静的心。

其利：

跟 C 型领导相处，不要太多的细节，再精简一些。

增加单位内的联谊活动，以增进彼此与家人间的了解。

其弊：

C 型领导太重视细节和原则，而忽略了人。

彼此工作都忙于把事情做完，而忽略了如何把事情做到最好。

第五篇

今时今日的服务理念

驭客式

驭客式——今时今日的服务理念

　　早几年政府拍摄了一系列提升香港优质服务的"待客之道"宣传短片，并请来当时的影视红星刘德华担任代言人，片中的宣传独白成了城中名句；不单只电视电台节目主持人常拿此来说笑，在办公室及工作场所，也常常听到上司以此训诫员工，要抱着崭新的态度来驭客。霎时间，"西芹不比西兰花好么？！"及"所有尺码全在此，有就有，无就无"变成了反面教材，刘德华那句："今时今日，如此服务是不够的"就是要鼓励香港人谨守工作岗位，多付出一点诚意吸引客人，从而令香港经济更繁荣的座右铭。

　　"顾客就是上帝。"这是老生常谈，却又知易行难；要把顾客奉若神明，看来是说得有点夸张。事实却是，就算你是顶级 Salesman，在追求销售成绩和佣金之时，可能精于揽客、侍客、留客等绝招，却又谈不上"顾客至上"、"待客为尊"。

　　用心和用时间了解顾客的性格和需要，才是尊重客人的第一步。按照他们的性格来服务，真正满足其需要，才算得上"优质服务"。

打通 "D-I-S-C" 客人销售之道

不同的客人都有不同的需要，不单只是跟你购买货品或服务时，你所推荐的东西能否切合他的实际要求也很重要。不管是"D-I-S-C"任何一类顾客，都各自有其心理倾向，若你在推销过程中忽略了他们的想法，答非所问，或者话不投机，要顾客进而接受你的产品或服务，肯定大有难度。因此销售之道不只是要学会说话技巧、了解产品特性等，摸透不同顾客的心理要求，也很重要。

例如一个 D 型（支配型）的顾客，他们拥有"指挥者"的个性，作为顾客即是"花钱消费的"，自然事事想你唯他马首是瞻。由于他讲求效率，跟他相处就要追上他的速度，稍一落后或无法响应他们的询问，随时会换来"办事不力"的批评。D 型的顾客经常会问"What"的问题：这辆轿车车厢中间的装置是什么？这张保险单中这两条赔偿条款所指的是什么？你就要先发制人，在推销过程中对于"What"的问题多加着墨，抢先响应，D 型顾客觉得其需要受到关注，对你的印象自然也会"加分"。

对于 I 型（社交型）的顾客，他们对于人际网络和社交关系最感兴趣，跟他推销时，就要着眼于"Who"的事情上：还有哪些名人在享用同样的服务？这产品聘用了哪位星级代言人？销售过程中要多贴近顾客的情绪，单单说明产品的功能和应用，根本无法满足 I 型顾客的诉求。

至于 S 型（支持者）的顾客，由于性格较慢热，就要凭耐性和温馨跟他相处，多跟顾客谈谈有关"How"的事情：让他明白这部电器是如何运作或者购买了这个楼宇之后，可以如何装修和添置家具，并提供同类单位的陈设改动，如何可以住得更舒适。谨记，产品数据虽然重要，但跟 S 型顾客耐心沟通的态度，更能赢取其印象分。

相反，C 型（思考者）的顾客疑问较多，往往"打破沙锅问到底"，"Why"的问题是他们常常挂在口边的一句：为什么你公司今年秋冬系列的皮袋没有保留上一季的钮扣设计？为什么你公司的美白套餐比纤体疗程贵这么多？问题一个接一个，总是没完没了。要赢取这类顾客的心，先要消除他们心中的疑问，让他先信任你，往后的销售过程自然就好办。

当然，"过客匆匆"，每日接触到的顾客数十、甚至数百人，要匆匆一面就能了解不同顾客的性格，除了对各人的"行为分析"深造学习外，还需要长年累月的经验积累，对此道了如指掌，御客就能驾轻就熟。经过上述概略后，以下是面对"D-I-S-C"各类顾客的详细攻略，各位打工族不妨细读钻研。

面对 D 型客户的教战守则

D 型人的特质

D 型人性格积极，重视成果，要销售者以工作为第一要务。

他们说话时较严肃，予人压力，咄咄逼人，不是一般销售者最喜欢的"顺得人"顾客。

说话语气往往是比较强烈："这条套裙我想要蓝色的那一套！"而不是询问："这条套裙有蓝色的吗？"

大原则是，D 型客户是"操控型"，让他掌握销售过程的控制权，享受做决定的快感。有时"欲擒故纵"的策略对 D 型客户是有作用的。D 型客户希望销售者具备专业知识、有效行动及良好形象，故要多使用选择方案、表格、数据等，不仅要突显自己公司的产品特色，最好也要学习比较市面同类相关之产品或服务。在 D 型客户面前要有自信，当然自信一定来自完善的准备。不要怕被拒绝，如果 D 型客户一直拒绝你的拜访，不要怕，勇敢地再接再励，他会因此产生"英雄惜英雄"的情感，觉得他应该最起码要听你一次 Present，才决定光顾与否，对你才算公道。

D 型客户希望销售过程一次搞妥，没有第二次，最好准时交货。内容要直接切入重点，不要花时间在技术细节上；D型客户通常想要知道产品对他有什么好处，而不是怎么使用。记住废话少说，多谈"成本可以降低多少"、"收益可以增加多少"、"速度可以加快多少"等，这是他们最为关心的。D型客户讲求速度，所以不太会四处询价比价，他们要靠事实及信息来做决定。

　　如果你有机会到D型客户的办公室，可以通过观察其摆设如书籍、报章、杂志、奖杯、奖状等，多赞赏他追求成功进步和新知的求知欲。此外，可以观察D型客户参与的社团或活动，例如慈善会社、高尔夫球会、运动休闲俱乐部等，也可与名牌高级轿车的sales做策略联盟。虽然D型客户可能会花较多时间Make Appointment，才会见到面；但是一旦成交，可能都是大单子，因为D型客户多是高阶主管、老板一族，"放长线可以钓大鱼"，不妨耐心跟进。

　　其实D型客户本身有不想与销售者发展私人情谊的倾向，但世事难料，D型客户一旦成交，你得到他的信任，他会主动为你介绍客户。此外，不要忘记D型客户喜欢创新和变化，如果有更好的update产品或新点子时，不妨再次向他推销，说不定他上次嫌弃的产品改良后，他会回心转意。

面对 I 型客户的教战守则

I 型人的特质

向往快乐的消费气氛，常会跟销售者"抢话筒"讲笑话，爱说话、分享，不过可能没有太多重点或主题。

喜爱亲近人群、有活力、爱热闹，就连逛街吃饭都希望得到朋友和大家的认同。

喜欢新鲜感和追寻刺激。

对不熟悉、不感兴趣的执行细节，他们会有些犹豫不决。

跟 I 型客户相处有如啤酒广告所强调的："总之要新鲜"。I 型客户喜欢靠第一印象来做消费决定，有时要靠俊男或美女攻势，奇装异服与流行打扮也能令他留下深刻的印象。他们期待销售过程充满欢愉或惊喜，近乎浮夸的形容词，可能还会赢得他们欢心。例如见过一位女孩到意大利小店试皮鞋，滑头的店主一句："Cinderella（童话中穿玻璃鞋的灰姑娘）"！逗得女孩眉开眼笑，生意马上做成。

相反，不要给 I 型客户沉闷或深不可测的感觉，销售者请激活自己的声音、肢体动作。如果有"灯光好、气氛佳"的环境，交易更能马到功成。例如环境好的餐厅、茶艺馆、咖啡店等，更胜冷漠、寂静的会议室。

切记："心急吃不了热豆腐"，不要太心急，马上要卖东西给Ｉ型客户，你要先得到他们的认同、友善与信任。销售过程也不要造成与Ｉ型客户间的冲突与对立，气氛不欢愉Ｉ型客户就不愿掏腰包。你要先确定Ｉ型客户所期待的感觉是什么，以此来做比较。例如客户喜欢麂皮鞋，对鳄鱼皮鞋也不排斥，你可以针对这两种鞋提出专业的看法。强调这种产品或服务，一定能让Ｉ型客户以及周遭的人都感觉对味。例如要创造一些人气，告诉Ｉ型客户还有谁使用这种产品，当然是具知名度的人更为重要，不论是城城（郭富城）推荐的健身中心，还是曾江叔介绍的"白变黑"发彩，Ｉ型客户都会很容易信任别人而掏腰包。

成交过程要干净利落，没有太多复杂的文档表格、说明书、登记保用证，即使有，销售者也要尽可能帮Ｉ型客户一手包办，他们通常都"全托付你"。之后还可以有一些跟进，例如送一些"新"的流行用品或很炫很独特的纪念品，来滋润他们的脾胃。Ｉ型客户喜欢别人跟他分享，因此要常常与之保持联系，没事也该跟他电话"So So"，别让Ｉ型客户觉得你很现实，"无事不登三宝殿"，售后沟通跟售后服务同样重要。

面对 S 型客户的教战守则

S 型人的特质

虽是顾客但都十分友善，风度极佳，不会抱着"顾客最大"的态度。

天生的支持者，主观意识不明显，喜欢由大环境做决策，消费倾向于权威或潮流，而自己则尽量不做主。

个性随和，不轻易与人起争执。

冷静从容，做事较慢条斯理。

合作性强，不容易反抗，服从性佳，在团队中有归属感。

很好的倾听者。

如果你遇到这个类型的客户，就要好好珍惜，因为一旦 S 型的人变成你的顾客，他们都是"死心塌地派粉丝"，即使市面上有削价竞争的情况，他们"还是觉得你最好"，很少会变节。他们跟你"讲心多于讲金"，因此面对 S 型的客户，抓紧他们的心，更胜于抓紧机会向他们推销。

同时，要 S 型的客户购买或享用服务之前，要先取得他们对你个人的信任，正是"Buy 你个人，就什么都 Buy 你"，这策略绝对适用于 S 型的客户。要他们"Buy

你个人"，就要懂得跟他们的相处之道。S型的客户做决定不会太匆促，如果面对一位很热情的 sales，可能会使销售过程拖很长的时间，快刀斩乱麻的销售策略，绝对不能在他们身上运用。只因S型客户不容易说"不"，即使他们有抱怨，也不容易表现出来或实话实说，个性随和又不轻易与人争执，就宁愿选择避开销售者，所以使用太激进手法的你，随时会流失S型客户而不自知。

给予S型客户多一些时间去考虑，及在销售时营造和谐的气氛，是赢取他们的不二原则。切勿跟他们造成"对立"的气氛，例如他一心想经济实惠，你却要漫天要价赚他一笔，这种对抗性的局面只会适得其反。此外，尽可能避免要这类客人冒风险及改变，因为他们不擅于处理突如其来的事情，宁愿"不变应万变"。例如适宜向他们推荐预早安排妥当的旅游计划，订购家具时，预先约好送货时间及交代细节安排。

值得一提的是，S型客户不一定只为自己购物，有时也会为家人购买。因此在推销的过程中，"打亲人牌"是最后绝招。当他犹豫不决时，鼓励他想想家人需要，就能打动他们掏腰包了。

S 型代表人物——甘地

S for Steadiness（稳健），然而 S 型人物不一定是优柔寡断，一事无成。印度历史伟人圣雄甘地也是 S 型人物，却凭着谨慎、稳定、耐心、忠诚、富同情心的性格，同样成为一代伟人，世界楷模。

作为领导，甘地稳健度高，个性谦逊温和，关心他人的问题及感觉，是有耐心且富同情心的倾听者。说来 S 型人物天生就具有一些咨询者的素质，善于倾听，也会说别人爱听的话，很不喜欢与人发生冲突，所以与他们在一起的感觉很舒服。因此，即使三、四十年代的印度内部派系斗争不断，争取独立的暴力浪潮升级，甘地还是主张"非暴力"的公民不合作，宁取绝食方式作为对抗手段，不单使印度最终摆脱了英国的统治，当上了印度的"国父"，也激发其他殖民地的人们起来为他们的独立而奋斗。

在工作环境下的 S 型人物，能持之以恒，当其他人感到无聊且无法专心时，他们会以稳健的步伐继续工作，直到任务完成为止。但是他们在工作上抗拒改变，偏爱固定不变的环境。他们不喜欢压力，不喜欢急促的工作环境，他们喜欢凡事先做好计划，并期待大家都会按照计划行事。这类人的理想职业通常都脱不了助人的性质，例如：咨商、教会、社工、牧师、心理工作者、护士、保姆及人力资源开发等。

我的 S 型顾客

拥有这种特质的 S 型人物，在西方国家中显得较其他三者少，但在东方却有着相当高的比例。因此如果你的产品或服务顾客主要是香港人或内地人，就会发现当中不少是 S 型。他们是相当重视人的一个群体，即使明知你是生意至上的推销者，都希望结识你这个朋友，不是为了折扣和赠品，只是因为他们有天生建立亲密、友好、信任个人关系的特质。正因如此，他们尽量避免对立与冲突，当争端发生时，他们会是很好的调和者。有时他们甚至会以"路人甲"的身份向旁人推销你的产品，或为你向亲友做免费口碑宣传。

在社交场合中，S 型人物希望别人友好而真诚，他们擅长与人建立联系，能关心与照顾别人，也希望别人有礼貌，并承担自己应该承担的责任。因此跟 S 型顾客相处，一定要以礼相待，一味"称兄道弟"或恃熟卖熟，未必能讨他们欢心。然而他们天生被动，有时会被认为是爱叫屈、心软和顺从的人，所以咄咄逼人的销售技术，反而会引起他们的反感。他们保守而敏感，为了回避风险和未知的情况，在采取购买行动和做出决定之前，会先征询别人的看法，所以决策与行动的速度都显得比较缓慢。"回家问过老婆先"或"想知某某亲戚用后感"等绝对不是敷衍之辞，推销者对 S 型这类行动要表示尊重和理解。

这类顾客往往喜欢在他们的办公桌上放家人的照片和个人喜爱的物品，在墙上挂着对他们有意义的纪念品、家庭或团体的合影、表现宁静生活的照片或纪念物。因此这类能彰显其温暖和亲切关系的产品，不妨向他们加以推荐，例如一套两件花纹相同的情侣汗衣。他们宁愿购买接载全家的七人轿车、放弃购买有型有款的拉风跑车；又或者妻子为了让丈夫回家有个惊喜，特意上甜品烹饪班等。

面对 C 型客户的教战守则

C 型人的特质

强调整齐，购买前会一字一字地写下清单，例如家具尺寸或功能要求等。

强调优先级及执行步调。

井井有条，独立性强。

重视效率、逻辑，渴望零误差。

深思熟虑、谨慎，而且十分细心。

最理性，重工作胜于人际关系的营造。

不习惯与人身体接触，看起来有些冷漠。

跟C型客户相处,对方会渴望得到详尽的书面数据，以便于阅读。如果有使用前、使用后的对照例证，这类辅销道具更不可少，再加上一大堆分析图表、或介绍整个购买的消费流程，宜详尽细致，应有尽有。C型客户不会嫌烦，这类数据愈多愈好。

因此，跟C型客户相处不宜太急，不要太兴奋与热情，先按捺着，试着让C型客户这位"好问宝宝"的问题浮现出来，用专家、事实做证据，辅以剪报数据、最新的统计数字、本地和外国的趋势分析、市场占有率来做很重要的佐证。C型客户有时会把关心的问题放在细节上，而忽略了产品的重要功能和好处，试着把他拉出来，强调你的服务记录或远景，他会猛然醒悟。也可以附加"保证书"、提供免费试用期、不满意退费等售后服务，这些都有助于C型客户做出购买决定。

值得一提的是，C型客户渴望业务的专业，所以你在推销时请避免一些不确定的字眼，例如:"可能"、"大概"、"也许"，这样你会给他经验不足或对产品不熟悉的感觉。

C 型代表人物——福尔摩斯

对于心思缜密、讲求理据的顾客，只能够多角度满足其数据的要求。就当你的顾客是大侦探福尔摩斯，拥有冷静的头脑，事事讲究证据和线索的他，总想从蛛丝马迹摸透你产品的底蕴：这餐厅提供的鲍翅套餐，上碟的是南非鲍鱼还是澳洲鲍鱼？这个激光打印机降价大倾销，生产商是否有后招要在印墨中牟取暴利？逻辑性强的 C 型客户，有时会着眼细节，总在揣摩售销者的策略。

在柯南·道尔笔下的大侦探福尔摩斯，经常会注意到侦查现场的每一个细节，包括足迹、指纹、烟灰、血迹等，从这些细微的痕迹中寻找案件的线索。跟福尔摩斯这类顾客对答，要分外留神，因为他们会针对想要的答案，咬住销售者不放，据理力争。例如有一次福尔摩斯跟一个货摊的招牌上写着布莱肯里奇的店主对答："看光景鹅都卖完了。"福尔摩斯手指着空荡荡的大理石柜台说。"明天早晨，我可以卖给你五百只鹅。"店主说。"那没有用。""好吧，煤气灯亮着的那个货架上还有几只。""噢，可是我是人家介绍到你这儿来的。""谁介绍的？""阿尔法酒店的老板。那些鹅可真是不错啊。那么，你是从哪儿弄来的呢？""那么，好吧，先生，"店主扬着头，手叉着腰说："你这是什么

意思？有什么话我们就直截了当地说个明白。""我已经
够直截了当的了，我很想知道你供应阿尔法酒店的那些
鹅是谁卖给你的？""噢，是这么一回事，我不想告诉
你，就是这个样！""噢，这是一件无关紧要的事，但
是我不明白你为什么会为这件小事而大动肝火？""大
动肝火！如果你也像我这样被人纠缠的话，也许你也会
大动肝火的。我花大价钱买好货，这不就完事了吗。但
是你却要问：'鹅在哪儿？你们的鹅卖给谁了？'和'你
们这些鹅要换些什么东西啊？'人们在听到对他们提出
这些唠唠叨叨的问题时，也许会认为这些鹅在世界上是
独一无二的了。""但是我会永远坚持我在家禽问题上的
看法，我在这个问题上下了五英镑的赌注，我敢断定我
吃的那只鹅是在农村喂大的。"福尔摩斯说。"嘿，你那
五英镑算是输掉了，因为它是在城里喂大的。"这位老
板说。(摘自《福尔摩斯探案全集蓝宝石案》(The Blue
Carbunkle))

　　如果你遇上的客人也如此唠唠叨叨，硬要问到他想
要的答案，追问一些你认为无关痛痒的事情，上述应对
C 型顾客的教战守则，就会派上用场。

第六篇

驭侪式——同事三分亲

驭侪①式——同事三分亲

　　同事跟你有几分亲？根据保守估计，假设你每日只上班八小时，减去你处于不清醒的八小时睡眠状态，你的"有意识"时间之中，至少 50% 时间是在工作环境中（当然这不包括周六及周日的 Family Day），跟同事相处的时间可能比同住的家人更多。当然，工作贵乎专心，只会在工余时间才能攀谈上两三句的同事，亲极有限。只是如果你任职的工种不是雕刻绘画的闭关一类，或工作环境是"驻守水塘"、多见树木少见人的深山大野，就总会有机会跟同侪相处。即使只有公文往来、电邮沟通，只要你处于流水作业线的河套区域之上，就少不了有形和无形的"过招"。

　　"办公室有如森林，百兽聚居"。这可能是长期处于洪水猛兽之间的感慨，若有感而发把形形色色的同事"对号入座"，于是乎狮子老虎、鸽子蛇王、狐狸老鼠的众生相，也就呼之欲出。

　　身处其中，相比起招架老板上司从上而来的压力（详见第四篇），由于同侪位处四面八方、发功者分布五行方

----

① 侪：是指同辈、同事。

位，因此如果功力稍逊，随时可能万箭穿心，死无葬身之地。若能够凭着本篇这套"顺应神功"，打出一手漂亮的"百兽十型拳"，能"以兽制兽"，在职场驭人自然无往而不利矣。

D型同事像老虎

支配度高的D型同事，天生是征服者，平日功架十足，虎虎生威。他们天性果断、反应快，且为人擅言词，尖锐而不圆融，犹如虎爪挥舞；即使是平日的简单对话，一言不合都会"张牙舞爪"，被他抓伤。若你和这类人说话，切勿正面硬拼，因为他们好胜心强，跟同侪相处都每每有扑兔之势，并不好受。可以考虑调整一下表达方式，谈谈他们想听的"产能"、"功能"、"期限"和"成本"等，或许能以柔制刚，消灭其猛虎之气势。

极具侵略性和争斗心的D型同事，心高气傲，常常有自己的想法，且非常渴望成功。他们虎胆雄心，野心勃勃，极善于让别人依他们的方法做事；由于其属于具有支配能量高的人，所以擅长做全盘形势的考虑，察看情况是否有利，懂得"审时度势"。他们为了满足自己的需要，会通过直接且压迫性的行为掌控环境，在现况不利时，他们更会压住反对的声音。跟他们相处时，有时就有与虎谋皮之感。

D 型：支配型（指挥者）

作风	高 D：直接、有压迫感、果断 中 D：好胜、有自信、不摆架子 低 D：小心、温和、谦虚
社交	支配度高者很像生意人。因为他们以事为主，并要求结果。身为爱探险的行动派，这类人要的是"Answer"，更乐于马上看到结果。他们没什么耐心，从他们不时敲桌子、摇椅子和坐立不安等行为可看出。
工作	他们的工作状态忙碌、正式、有效率、有组织且功能性高。高自我意识的长处，使这类人经常成为组织的火车头。因为他们好胜、喜欢改变且讨厌现状。他们有自己的想法，且非常渴望成功，极善于让别人依他们的方法做事。

I 型同事像猴子

　　天性爽朗的 I 型同事，在工作场合都扮演一个"社交者"角色。他们友善、外向、温暖、热情。性格跟猴子一样，喜欢群居，成群结队。I 型同事喜欢交朋友，容易接近，希望与他人见面并交谈。他们天生信赖他人，极欲认识并讨好周遭的人，这是不喜欢社交活动者所无法理解的。

I 型同事希望与身边的人有正面的互动，而友善开明的作风也常使他们得以维持这种关系。社交者具有即兴、敏捷的思考能力，点子很多，说服力又强，所以常能使别人对他们的梦想产生兴趣。他们有影响别人和改变环境的能力，善于通过团结众人来获得成功。他们往往跟着自己的直觉走，敢于冒险，寻求对自己才能及成就的肯定，也往往能迅速而热情地与人共事。

I 型的缺点是容易冲动、心直口快，偶尔无理的行为，会使他们有时显得情绪化。不过，纯熟的社交技巧及天生聪明的沟通能力，往往使他们在身陷困境后，终究能"说"出重围。此外，另一弱势是他们参与过多的事情、缺乏耐心、注意力不持久、容易感到乏味，且过度依赖感觉行事，因此好坏差异有时颇大。心情好时，会充满热情与活力；不喜欢时就像泄了气的皮球，前后往往判若二人。

在工作环境中，I 型同事希望别人勇于尝试，行动敏捷。日常总是保持快节奏，活泼、凭直觉办事。他们的行动和决定往往都是潜意识而行，很多时候不太顾及准确的事实和细节，有时还会刻意回避，因为他们认为"这些东西会扰乱我"，总抱着"到时再说"的心态。由于他们不拘细节，所以常会夸大或笼统地对待事实和数字，四舍五入，粗枝大叶。他们喜欢大概估计，而不会确实地观察和分析数据。

社交者最不喜欢乏味的工作，他们中许多人从事的职业是销售、娱乐、公关、旅馆等有刺激感和经常面对大众的工作。只因"社交者"爱说话，很能炒热气氛，所以堪称是公司的"娱乐组组长"，他们最怕孤独、最怕没有手提电话。

在社交场合中他们不怕"通山走"，喜欢别人不拘束、举止大方、令人愉快。由于 I 型社交者喜欢身体接触，所以他们不会介意你拍拍他们的后背或热烈的握手，在交谈时也不在意对方更换座位、与自己站得很近。

I 型兽王之选——猫王皮礼士利

I 代表影响（INFLUENCE），这类"社交者"的优势是热忱、有说服力、令人愉快、有社交能力。西方社会五、六十年代的一位潮流指标性人物——猫王皮礼士利(Elvis Presley)，就是这类代表人物。他是五十年代青年人膜拜的偶像，1956 年他进军影坛，拍了首部电影"Love Me Tender"，1957 年拍摄自传电影"Loving You"，自此走红至 1977 年他 42 岁逝世为止。摇滚乐既不是由猫王发明，同时代也有不少摇滚乐先驱，而且他并不写歌，吉他技巧也是初级水平，偏偏猫王能被人公认为摇滚乐代表人物，这与他 I 型的特性有关——创新和感染力。

他成功地以白人的身份，把黑人的骚灵音乐与白人的乡村音乐和福音乐曲融为一体，并将这种混合式的音乐推向全美国，超越了种族及文化的界限，这种创新的大胆作风，是 I 型人士跟着自己的直觉走，敢于冒险的表现。而他的着装及风采更让摇滚乐成为流行时尚，猫王的独特打扮至今仍是不少人的仿效对象，可见其魅力及感染力之强。

如果"猫王"是你的同事，不单只周遭的人会被他魅力感染，你也会或多或少被他吸引，有时会跟他"疯到一处"。因为他们天生乐观，正是"生于忧患，死于安乐"。人人都为赶工作 Deadline 而忧心忡忡时，他还有闲情建议到茶水间冲咖啡，或忙里偷闲建议 order 下午茶，宁愿自掏腰包请客"万岁"。在他办公桌的附近墙壁，可能会挂着奖状、口号、激励标语或提醒自己注意的事项。他们摆放椅子的格局会透露出他们的温馨、坦率及诚意。这类人会迅速把所有的东西塞进抽屉，为什么？没错，为了看来更"体面"。周遭工作的人，几乎不可能从他们的桌子或档案里找到任何东西，可是，他们就是知道东西"就在这儿附近"。

Ｉ型：影响型（社交者）

作风	高Ｉ：活力充沛、自我促销、容易交往 中Ｉ：稳若泰山、有自信、深思熟虑 低Ｉ：自制、悲观、退缩
社交	Ｉ型人士沟通能力强，对社交能力强有自信。他们非常外向，且以人为主，同时珍惜关系。他们喜欢人际接触频繁的环境，喜欢交朋友，招待他人，懂得享受美食与餐厅气氛，追求时髦，爱行动自由与物质享受。
工作	他们为了满足需要，会先团结他人，说服其进行合作，以团队方式完成预期目标。他们自我意识很强，口才极佳而圆滑，对他人的感觉较敏感。 他们生性乐观，会将大多数状况视为有利条件。而滥用此特质是缺点之一，就是对谁都信赖，且听他人说话，会选择性的听自己想听的东西，或者自己主观希望发生的部分。他们可能要吃几次教训才乖。 其步调快速又即兴，除非他们想获得他人的赏识，否则一般而言他们会忽略细节，且杂乱无章。

Ｓ型同事像狗忠心

稳如泰山的Ｓ型同事，为人谦虚，且在开始时处事都不会太直接。然而，若他们认为自己全盘了解状况，并已下定决心时，顽强固执的个性就会显现。其习性跟狗狗一样稳重和忠心，一旦认定方向，就会一鼓作气往前冲。如果你想要他们改变想法，最好之前做足功课，带着如山铁证上阵，还要先给他们重新思考的时间和空间。服从度高的 S 型同事，可能会不断地问："你怎么知道这是正确的方法？"请不厌其烦跟他们解说，痛陈利害。因为他们在冒险之前，会希望能得知所有相关的证据。

在公司中，S 型同事不仅是忠诚的员工，也是可信赖的团队成员。他们是按部就班的逻辑思考者，喜欢为一个领袖或目标奋斗，虽不至至死不渝，却也忠心耿耿。正如先前所说，需要改变时，S 型同事会希望事先被告知。

S 型：稳健型（支持者）

作风	高 S：有耐心、容易预测、立场超然、合作 中 S：冷静、通融、步调快、动作快 低 S：停不住、性急、即兴、紧张
社交	稳健型偏好休闲协调的衣着。如果你要他们改变之前，先给他们重新思考的时间和空间，还要收齐如山铁证。有耐心且和善，是一个能设身处地为他人着想且富同情心的聆听者，他们真正关心他人的感觉和问题。
工作	他们偏爱稳定且可预测的工作环境，轻松、友好且非正式。他们喜欢一致、缓慢且简单的方法，同时具备长期的专注力，使他们能稳健地执行工作。

C 型同事像猫头鹰

像猫头鹰一样收集情报，凡事追求精确与秩序的 C 型同事，代表着组织、细节、事实、精准。他们是一个"思考者"。服从度高，在传统的归类中不过是个"以规则为导向"的人，但新近的研究却显示，"守规矩"只是他们的特征之一，他们性格中隐含的"控制"与"被动"两股力量，使得这类型的人格其实要复杂许多。事实上，服从度可能是 DISC 四种类型中最复杂的一种变量。思考者注重分析的过程，他们注意细节和程序，这常使他们过分地强调收集数据和分析数据，在寻找这些资料时，他们还会针对具体的细节提出许多问题，所以往往被认为是不合群、挑剔、吹毛求疵的一群。由于强烈的安全意识，使得思考者在做决定和采取行动时，显得非常谨慎而迟缓，但绝不误期，所以他们是系统性解决问题的能手，但却不是果断的决策者。

C型：**服从型**（思考者）

作风	高 C 精准、尽忠职守、自制 中 C 重分析、逃避、固执 低 C 武断、反抗心、不圆滑
社交	尽忠职守、谨慎、遵守他人之规定。修正度高者与支配及影响型有很大的差异。他们天生精准且井然有序。由于他们思路清晰，只要知道正确的方向是什么，就会受到激励，因此他们喜欢规矩和秩序。他们对自己和下属的要求都非常高。这类人遵守纪律，凡事讲求细节且维持高标准，不管做什么都要求完美。
工作	从就业的层面而言，他们是杰出的会计师、程序设计师及脑部外科医师。先试着从他们"挑剔"的角度看看你的产品是否有问题，而且要比竞争对手抢先一步！在饮食方面，服从型会详读所有的标签，而且熟知食物中蛋白质、脂肪和碳水化合物的比例。他们喜欢精打细算，除非厨房用具省钱且坚固，否则他们是不会买的。

第七篇

激励为本真领袖

驭下式一

驭下式——激励为本真领袖

　　人与人之间的关系已经是一大学问，更何况上司跟下属的关系，总不免涉及利益和权责，搞不好就会"高不成，低不就"，随时两败俱伤。要知道如果你身为下属，不论上司是何许人，要在唯命是从与完成任务之间，取得平衡调和，根本就是一门高深艺术。

　　别以为终有一天变为老板上司，就可以为所欲为；只因跟员工或下属的关系，若不能小心处理，只顾一味用尽方法鞭策他们，尽心尽力工作，令公司企业赚大钱，就容易造成不近人情，员工流失，内耗及培训成本上升的后果。因此，要保持与下属有和谐良好的关系，如何能够收放自如，软硬兼施，实在是大有学问，必须有一套"应对心法"。

　　身为掌门人的你，首先要明白，在今日的社会，上司下属各有难处，"彼此也在挨"。下属经常抱怨老板"不但不停使唤人，而且唠唠叨叨，指手画脚"，他们不懂体恤老板或上司的苦处。正如也有不少老板喜欢挖苦下属：下了班就可以和一班朋友跑去吃饭唱歌，回家后躺床上无忧无虑，不管公司赚赔到时候都有钱拿；而自己下班后却还得关上门，挖空心思想办法，解决运营难题……或计划下个月或下一季的生意或工作目标等。其实心胸不广，难做好上司。

要做一个成功"驭下"的老板或上司是要花费心思的。手下团队良莠不齐，人人有别，要跟不同行为类型的"基层员工"共事，了解不同人的行为分析，掌握强处及弱项，强化团队精神，就能推动他们提升工作效率。

D 型员工的激励法

要知道身为一个团队领导人，可能是从下擢升，也有可能是外聘或空降，统管的一班"员工"可能不是自己亲自招聘。因此统管的下属自然林林总总，做主管级的你必须多了解他们的特质，因材激励，对症下药。

团队中的 D 型下属其实相当"Outstanding"，其具备领袖风范，强项是他们有自己一套做事想法，讲道理及重事实，凡事要求有效果，十分渴望成功，是"斗心一族"。因 D 型下属非常想成功，其工作及处事的核心价值是讲求成本、速度、成绩、效益。因为要成功，必须面对更大的压力，而抗压能力自然相应提升。

弱项是跟同侪相处有困难，其没有耐心，及对别人欠缺关心。他们属于支配型，当然是好胜心强及自信心爆棚，容易令人有一股压迫感。其爱面子，不喜欢被人利用是必然的。还有，要注意他们是善变的表现，时常朝令夕改，以上种种都使其跟同事难于相处，有时更被孤立起来。

由于 D 型下属喜欢多变，枯燥又一成不变的工作，他不会感兴趣。反而其较强硬、独立及叛逆的一面，正驱使他们接受挑战性大的工作。基于其好胜及自信心，作为上司的你要激励他们，需要交付权限，授权他们执行某项 Project，让他有改变的权力，当他清楚了解自己的权限时，就能享受达成目标的乐趣。他们需要被尊重，对他们要委以重任，不要让他们有"龙游浅水遭虾戏"的感觉，否则这只会适得其反，触怒他们。他们充满自信，不容易接受批评，除非在专业上有一个比他更"有料"的上司，他才会认同对方。

上司交付工作时，要懂得燃起他内心一股动力和热情，对他才有一种激励作用。此外，对于孤芳自赏的 D 型下属，不能否定其对团队贡献，反而要在公开场合肯定其成就及贡献，或以名车或象征身份地位的礼物，来奖励他，甚至安排有独立房间给他办公，以及为他聘请一个助理，这些都是对 D 型下属最有效的激励方法。

D 型下属 VS D 型领导

这组合产生争拗机会较多，不会是很好的拍档，但也可能会是个大格局的组合。

其利：

D 型下属喜欢创新，可胜任开创性、压力大的工作。

授权是关键，D 型下属需要的是权力，清晰的权责有助于打开经营的范围。

接受 D 型下属的叛逆，因为他们需要被尊重。

偶尔会有言语的冲突，但多数是就事论事，切勿因言废人。

其弊：

过度的授权会让对方滥用权力。要有明确的回报。

当众责骂，或指出其缺点，会适得其反。

别让 D 型下属为一些繁文褥节、制度的规定，而阻碍了行动力和开创性。

D 型下属 VS I 型领导

你会是 I 型领导很好的辅助，因为彼此的步伐一致。

其利：

I 型领导能关顾 D 型下属的感受，让其有动力去发展自己。

I 型领导应该有更多包容力，去让以成就为导向的 D 型下属出风头。

I 型领导的乐观与热情对 D 型下属是很好的激励。

其弊：

I 型领导避免太快做决定或冲得太快。

不公平，主管个人好恶过于明显。

没有人处理落实的问题。

D 型下属 VS S 型领导

D 型下属执行起来比较专业，有时以 D 型下属的冒险性突破为格局。

其利：

接受 D 型下属据理力争的事实。

授权，让 D 型下属分担你的工作。

S 型领导要多一些时间来适应 D 型下属的步伐。

其弊：

只听 D 型下属的片面之词。

因有主见过深的 D 型下属而感到无力。

担心 D 型下属未来比自己还有成就。

D 型下属 VS C 型领导

两人都是就事论事。最大差异，是对速度的感觉。不太容易包容对方，容易视对方为竞争对手。

其利：

C 型领导应将自己定位为"策略家"，考虑一些政策面的分析发展性，精确推演可能的变化。在执行方面，C 型领导应以授权方式让 D 型下属以行动力与自信去开创新格局，但要建立 D 型下属的回报机制与流程，以掌握突发的状况。

D 型下属具有开创性，应安排 D 型下属在一个有挑战性的部门或交办一些有挑战性的工作，如业务部、Special Project 等。

其弊：

执着于义理之争，而忘记了彼此的身份与职位。

彼此不信任，或担心 D 型下属会超越自己。

让人觉得城府太深，凡事锱铢必较。

过多的规定让 D 型下属觉得束手束脚。

I 型员工的激励法

I 型下属是互动者，特质是喜爱进入人群、不怕陌生人，重视人与人间的感觉，他希望获得大众的认同、喜爱及容易与人分享。I 型人士爱享受生活，所以喜欢美食及新鲜的事物。强项是乐观积极、乐于助人、口才亦不错。弱项是他较情绪化，喜怒形于色。

因他不喜欢孤单工作，爱 Team-work，安排他在团队中工作最为理想。而他在团队中，要有"被需要"的感觉，否则，他感觉气氛不好及感觉不真诚，就可能会离开团队。他能够主动建立人脉关系，安排一些有联系性工作或公关活动给 I 型下属负责，会有更大效益。相反，因他不擅长例行性的行政工作及琐事，这些交他负责只会弄到一团糟。

I 型下属喜欢亦善于交友，想获得大家的重视和认同，上司可直接叫出他的名字，表现得更轻松和友善，相处时多一点笑容，会令他被激励和更开心。此外，I 型下属爱热闹，让他们出席庆功宴、表扬会等活动，他会是社交红人，感受到各人的肯定、重视，而他会定制有体面的礼服出席聚会，这代表他的重视程度，他亦会陶醉于给大家一个惊讶又艳羡的 Surprise。由于 I 型下属爱享受物质生活，又爱名牌，老板送礼奖励他，要投其所好，如五星级酒店住宿券、著名餐厅券、夏威夷海外七日游、名牌服饰礼券等；安排的礼券要双份，因他喜欢结伴同行。由于他喜爱名牌，若知道礼物是一些知名人士的心头好，会格外兴奋，亦会大受激励。

I 型代表者——李丽娟

I 型下属是社交型专才，近年最令人怀念的人物要数到前特区政府的一名社交型官员，有"众人妈妈"之称的前民政事务局常任秘书长李丽娟。由于她在退休前的几年间任职于拉近官民关系的部门，因此每有大小事务、社会联谊、慈善活动，都会见到李丽娟穿梭会场。城中每有惨剧发生，当时身任民政事务局常任秘书长的李丽娟，都会亲临处理。八仙岭山火后，她赶至医院探望伤者和家人；屯门汀九巴士堕山车祸，她第一时间到医院探望生还者；她还每年都探望沙士患者遗孤，当他们的干妈。

退休离开官场的李丽娟如今公职缠身，忙碌程度不减，每日公益活动和进修课程排得密密麻麻，但她仍乐在其中。在一次文汇报的访问中，她说："日日见好朋友，做自己想做的事，不觉倦。"这种乐于在人群中打滚的态度，真实反映其 I 型人士的行为倾向。只要上司把 I 型下属放在适合的岗位，自然会效果卓著。李丽娟还洋洋自得地回忆当年担任下属时跟上司的沟通：

"我每日都会很早起床，听 8 点钟的时事节目和新闻，听完后会立即打电话向何志平（前民政事务局长）汇报，让他知道热门话题。"

I 型下属 VS D 型领导

D 型重理，I 型重情，这是不同的性格。

其利：

告诉 I 型下属，还有谁会参与这个计划以及想营造的氛围。

告诉 I 型下属，计划中要考虑哪些人的因素。

D 型领导要用些方法提醒自己，在私下场合去关心与赞美。

D 型领导要考虑 I 型下属希望的奖励是什么。

其弊：

告诉 I 型下属太多细节，或记录过多琐碎的数据。

别让 I 型下属在别人面前被批评，或没有说话和表达的机会。

别让 I 型下属面对偌大却空无一人的办公室。

I 型下属 VS I 型领导

这是一种快乐的组合，是非常强调感觉与默契的组合。

其利：

明确的时间管理，有助效率提升。

责任与目标分清楚，要就事论事。

让 I 型下属不只提供意见，更要提供解决方法。

其弊：

很多时候彼此吐苦水，要更多的互相打气。

会形成组织内的小圈子。

让面子阻碍到问题的突破。

I 型下属 VS S 型领导

这是一个有人情味的组合，但要一起学习以目标为导向。

其利：

向 I 型下属解释这项行动能为他们正面形象加分。

不必对 I 型下属谈到太多细节的问题。

好好发挥 I 型下属的沟通能力。

S 型领导喜欢按部就班，有时要包容 I 型下属常有些新点子。

其弊：

过度考虑到 I 型下属的立场，而让自己陷入两难。

因私谊影响到工作质量。

S 型领导因不敢要求，而揽下很多工作在自己身上。

I 型下属 VS C 型领导

互补型的组合。常有驴唇不对马嘴的情形，因为一个快、一个慢，一个重视人、一个却强调事。

其利：

C 型领导要重视 I 型下属的点子、计划与梦想，还有笑容要多些！

原谅 I 型下属有时会分心，因为他们很容易受到干扰。

别急着面对事情，先问 I 型下属这些事情所影响或带来的感觉是什么？

别与 I 型下属讨论细节，C 型领导只要把自己所关心的细节，书面化后交给 I 型下属。

其弊：

过度严肃，让 I 型下属感受到立即性的压力。

C 型领导不要只在法理上站住脚，更要注意到 I 型下属的感觉。

C 型领导不要太被自己的价值标准绑住，试着放宽尺度，降低考核标准。

C 型领导让人觉得很难亲近，因而丧失了激励部属的机会。

S 型员工的激励法

S 型下属特质是热爱长期的工作关系，愿意与人接触，支持团队，跟 C 型下属刚好相反；但两类人相似之处，是做事喜欢按部就班。S 型下属为人温和、谦虚，有耐心、不会提诸多要求，让人为难，他不擅长表达，所以较少陈述想法及意见。不过，这些不代表他不渴望得到更多保障，如工作岗位、薪酬利益等。他们的强项是情绪好、EQ 高，这对团队工作来说十分重要，因为一个人的情绪智能更胜于才干及能力。S 型是一个忠诚度很高的下属，且是良好的聆听者，对所有老板或上司来说，是一个很顺心的下属。但是他对团队的贡献不及 D 型及 I 型下属，而且不想多改变、不擅长做决策的特质，总会让主管级领导以为他是难担大任之辈。

由于 S 型下属做事有个人的步伐，故此不宜太紧逼他，交他一项工作，需附以合理时限让他完成，有时也要奖励他一日半日假期，令他抖擞精神。其主管需看准他有耐心及毅力的优点，来安排工作来赞赏他，多谢他的无私及支持团队的精神。

S 型下属注重安全感及保障，如他没有太大野心要爬上更高职位，可以奖励他上市公司股票、红利或认股权证等，去肯定表扬他。此外，他注重家庭生活，当要激励他更加努力工作的同时，要兼顾其家人需要，如让他准时或早些下班回家晚餐、多称赞其配偶给他的支持、关心家人的生活及子女的成长、强调一下有一个美满家庭，以及肯定他对家庭的贡献，都是很有效的激励方法。

S 型下属 VS D 型领导

D 型领导与 S 型下属是很好的上下关系组合。

其利：

D 型领导要让 S 型下属自己做承诺，并给予时间；S 型下属是可配合步调的。
领导要多关心 S 型下属的家人，适时问候其家里的情况。

其弊：

过度的变动会让 S 型下属丧失工作的安全感，不要没有预告便即进行改变。
S 员工不易当场表达情绪，可能立即应允，但会在瞬间感受到压力。

S 型下属 VS I 型领导

都很关心人，很注重和谐与快乐的感觉。

其利：

S 型下属不喜欢做决策，常会犹豫不决。
I 型领导的自信对 S 型下属是蛮好的依靠。
I 型领导可尽量表现出个人的兴趣、支持与感觉。
I 型领导要告诉 S 型下属是否有前例可循，让其有安全感。

其弊：

过度感性，只为维系人际和谐，而忽略实质进展。
天马行空的想法，没有回到现实面。
I 型领导不按牌理出牌的指示，或是重复却又不同的指示，会让 S 型下属无所适从。

S 型下属 VS S 型领导

这是一个彼此都被动的组合。

其利：

告诉 S 型下属哪些会改变，哪些不会变，尤其是与保障相关部分。
要调整自己，更有理性地看未来，不要过于保守，不要畏惧改变。
赞赏 S 型下属在团队中的凝聚力，他们不会论人是非，他们的稳定性是公司最重要的资产。

其弊：

都不愿意做决定而耽误时效。
企图心不够，缺乏前瞻性的规划。

S 型下属 VS C 型领导

S 型下属是绝佳幕僚。
两者都习惯于专注在一个目标上。

其利：

S 型下属不喜欢承担所有的责任，试着让他有机会分工。
善用大家对 S 型下属的好感，在沟通及与人互动上发挥成效。
S 型下属希望有共识之后才有行动，这有赖 C 型领导的完成。

其弊：

用自己的标准去要求部属。
忽略了在团体中的公平性。
自己不愿做的事，让 S 型下属去做。
空于策略规划，却无强力执行的能力。

注定成功秘笈

C 型员工的激励法

C 型下属是完美主义者，因此凡事都标准偏高，又讲究细节，为人较被动但谨慎细心、个性温和缓慢。强项是重分析及流程，他会对工作有分寸进退、深思熟虑、尽忠职守，有很强的自制能力，情绪反应不大。弱项是对人际互动不太热衷，同事关系显得有些冷漠，不喜欢别人批评，同时对自己的想法较为固执。C 型与 I 型下属明显不同，故此激励方法要因人而异。

C 型下属个性是井井有条，注重知识，处事顺序有规律，亦是搜集信息的个中能手，因此有条理地解决问题能力很强，此乃他胜人一筹之处。如要激励他，可重点开口称赞其推理及分析能力，选用的工作奖励如一部多功能的手机、数码相机、家庭影院音响组合等，都是很好的奖励策略。送一些古典音乐、艺术品或有纪念价值的丛书，亦能起到激励作用。

此外，他个性倾向完美，又爱独处，安排他一个房间或分隔出来的独立空间来工作，就切合 C 型的特性。但上司老板须留意他不热衷于人际关系，所以不宜用太直接又热情的表达方式，来激励他去提升工作效益。C 型下属是好的修正者，给他一些权力，让他进行企业改革、营运制度更新，去芜存菁，可提升质量及效能。对老板来说，这是知人善任。

C 型下属 VS D 型领导

C 型被动，D 型强势。

其利：

C 型下属是很好的咨商者，但需要多一些的激励。

告诉 C 型下属流程、注意事项并提供数据。

对 C 型下属要多用"分析""评估""衡量""比较"等字眼。

多一些 check 点，以了解 C 型下属缓慢的工作进度。

其弊：

切勿因人而设制度，造成法令紊乱。

C 型下属 VS I 型领导

I 型领导的随性与 C 型下属的自制，正是一个互补型的组合。

其利：

C 型下属最大的好处，是给予 I 型领导最好的分析能力、精确度及效率。

可让 C 型下属能全权处理好对内的事物，能妥善做好档案等数据。

其弊：

C 型下属的完美主义或对原则的坚持，其不能负责协调、沟通的事务。

这组合只有死板的规范而丧失了更新的做法。

C 型下属 VS S 型领导

双方都是被动一族。

其利：

多让 C 型下属谈谈他们所了解的知识。

准备一些数据，再告诉 C 型下属自己的想法，不要让 C 型下属老觉得 S 型的自己不进入状况。

勇敢问话，刺激 C 型下属思维分析的天赋。

C 型下属不太容易主动去寻找支持，所以 S 型领导要很谨慎地去关心他。

其弊：

语多保留的 S 型领导会让 C 型下属无所适从。

对 C 型下属的问题 S 型领导没办法提出有力清晰的响应。

没有很清楚的逻辑与 C 型下属沟通。

没有明确的方向，不知为何而战。

C 型下属 VS C 型领导

过于被动，非常重视资料，双方都有颗冷静的心。

其利：

建立固定会议的机制。

增加一位担任沟通者作协调。

不要太多的细节，再精简一些。

增加单位内的联谊活动，以增进彼此与家人间的了解。

其弊：

双方均太重视细节和原则,而忽略了人。

彼此都忙于把事情做完，而忽略了如何把事情做到最好。

忘了感激团队成员的贡献。

过度主观，不接受别人的意见。

总结

做主管领导调配员工下属，要用人唯才。只是由于普遍资源所限，你统领的团队可能无法尽收天下兵器，加上公司的种种人事关系，团队成员"就这么点人"，若能把每名下属的潜能都尽情发挥，也就把公司资源用到了极致。

老板上司若能成功激励每位下属，按他们不同行为特性、喜好、强弱及需要，运用不同的方法及技巧，通过言语及行动表达不同程度的激励，亦是十分重要。过程中需要让下属体会到，身为上司的你了解及关心他们的需求，以奖励显示你花了多少心思、有多少诚意。在适当的时候，鞭策向上，奖罚分明，有时又投其所好，令他们开心、兴奋，专心办事，跟主管领导的你各得其所。

这样，公司企业中不同的岗位，由这些不同类型的人来掌管及打理，在不同位置上发挥所长、彼此配合、互相补足，一定会令生意及效益，更上 N 层楼。

第三重天

驾驭工作的能力
『自胜』者强——忠于职责，演活角色

工作／价值观

正是『人事人事』，在职场中除了要面对『人』之外，就是『事』也不能掉以轻心。所谓『谋事在人，成事在天』，可见在『人』这个因素以外，要『事』情达成的变数还是俯拾皆是。因此『顺应神功』的强项，更能协助上班族理顺内外两方面的概念，当中原理同样是『由内而外』。上班族在工作或自身岗位中所持有的价值观，都可以通过学习态度、时间管理和金钱管理等行为来体现，也就是『有诸内必形诸外』的道理。

第八篇

专业增值秘笈——

终身学习

专业增值秘笈——终身学习

学海无涯，换句话说就是要做到老、学到老；特别是香港正处于经济结构性改变时期，由于劳工技术转型，我们被鼓励要终身学习，自我增值，以求自强。因此，"学习"几乎是每个人毕生都离不开的"基本技能"。

玉不琢，不成器，人不学，不知理。若不是每个人都要面对"学习"，就不知道不同的"D-I-S-C"Profile类型人士在学习行为上是大相径庭的。别以为看书、上Course、听讲座等，是人人都掌握的学习方法。要知道不同行为模式的人士学习特质会有所侧重，有人"书中自有黄金屋"，又有人"读万卷书不如行万里路"，到底读书好还是行路好，要看哪一种方式更适合你，也要研究不同人士"D-I-S-C"Profile类型的偏好，才能知己知彼。不单为自己编订学习大纲，也可以为下属、学员、甚至子女制订进修计划，写成一套量身定做的"知识增值秘笈"。

D 型铁掌帮主——学人和

平日以强者姿态、铁掌震江湖的 D 型人士，有时甚至会表现得不可一世，要他们表达出好学欲望，殊不容易。所以即使 D 型人士要学习，他们都散发着一股强烈的成功主导思想，任何学习都以取得证书、专业资格、学位为目标，绝不含糊。他们动作快、抗压力强，为达到自定的目标，可以勇往直前，在所不辞。他们不介意在繁忙的工作之余，晚上兼读进修，为日后提升自己的专业资格铺路；他们可以捱更抵夜，挑灯夜读亦在所不惜，相当有"Heart"。

人际关系较不敏感的 D 型人士，有时会不通世务，他们由于太想成功，太以目标为导向，有时或会忽略了其他的成员也可以是成功的一部分，也起着重要的作用。人际关系搞不好，有时会闹得很僵，因此对于 D 型人士最重要的学习，就是跟人双向的沟通。相信这未必可以凭着 Take course 或看书本就可以通晓，窍门是向人多表达真情感，以诚待人，别人也会跟你交心。但一旦他们明白"人和"的重要，打通人际关系，就可以将 D 型人士带到更高层次，少一点意气用事，多一点通情达理，自然万事如意。

对于学术及专业的学习，D 型人士相当自动自觉，故在此不用细表或鼓励。因此我们建议这类人可以重点学习如何增添乐趣，为了让生活均衡一些，而学习如何快乐。别以为这类学习是玩物丧志，建议 D 型人士抽些时间发展自己的兴趣，加以钻研，不论是运动还是欣赏交响乐，这些休闲的活动不单可以舒缓日常紧张忙碌的生活节奏，其产生的调息作用，可以令工作时更有干劲，有着"Refreshment"的效果。调息也是为了工作，绝对符合 D 型人士目标为本的行为原则。

D 型终身学习

学习特质

有强烈的成功导向，目标为本。
相信学无前后，达者为先。
很容易因为太着力于工作及进修，而忽略了均衡生活。

可选择的学习

学习重点应该在于改善生活质量，知情识趣。
多运动，以增进健康。唱卡拉 OK，促进社交互动。
打太极拳，学习缓慢与冷静，体会以柔克刚、以静制动。
欣赏交响乐，观察合作的重要。
多看看文学作品，别老是看政治、财经类杂志。如读诗，用心灵感受简约而深刻的哲理。

Ｉ型聚贤庄主——学贯彻

相识遍天下、天性乐观的Ｉ型人士，总会抱着一腔热诚投入学习过程；他们见到别人滑水，也会兴致勃勃地拿报名章程，欲一展身手。只是他们有时会因种种原因而半途而废，对事无法持久与深入的行为特性，就是他们学习过程的最大障碍。要让Ｉ型人士持续学习，可能最大的帮助就是找个同伴，一起进退学习。而出奇的是Ｉ型人士一旦有人互相扶持学习，反而会愈学愈起劲，他们更善于激励士气，力争上游，跟学习同伴督导并进，他们是一个积极互勉的好同学。

由于在学习进程中，Ｉ型人士强调"人"因素的重要，不单指同学的互勉，他们还看重导师或督导的因素。一旦遇上"有料之人"，他们不仅学习兴致会马上提升，而且他们具备从别人身上"偷师"的特性。一有机会天生擅长仿效的"复制机器"的特征马上启动，这种学习特点在Ｉ型人士身上是经常出现的。

针对他们学习特质的调整，首要是训练如何设定目标，从而持之以恒地执行，并贯彻始终。例如：购买一些ＤＩＹ的家具或砌模型，不单可以享受组装的成就感，更一定要贯彻到底，才有成就。因为拼装了一半的家具根本用不着，总不能搁置一边任由丢掉，只好硬着头皮来完成。

　　此外，能训练长期专注力的项目，例如瑜珈的练习，就能对症下药。这方面的训练，还包括时间管理的学问，I型人士有时会粗枝大叶，对时间的安排掉以轻心。他们除了对工作安排失算外，还时有迟到的习惯，这惹人反感的劣习有时会成为人际关系的障碍，削弱他们十分看重的朋友关系。而学习情绪的调适处理，亦有助于I型人士把"人和"关系发挥得淋漓尽致。

▌型终身学习

学习特质

　充满热情与活力，喜欢与人接触，从别人身上借鉴。因活泼与好动的个性，对学习无法持久，有时会三分钟热度。

可选择的学习

　瑜伽静坐，训练长期的专注力。
　计算机，按部就班地完成一项工作。
　阅读财务报表，重视细节与资料，懂得量入为出。
　参加读书会，是社交的延伸，既可分享学习，也能读
　散文，提升心灵的品味。

S型太极门人——学拓展

简单而稳定得有如打太极，S型人士有不喜欢改变的生活态度，也不擅做决策，有时让人觉得优柔寡断、模棱两可。如果以这样的生活态度，要面对学习时，就显得漫不经心，不会主动查找检讨自己的不足，觉得"现在的状况还可以"、"要做几年稳定些才学"，不时都会表现得"满足现状"或"需时间适应"的态度，不会展露主动求学拓展专业或勇于进步的热情。

如果你是他们的上司或导师，有时会以为他们无心向学，并不会对研习某些事物而表现出激情或主动追求技术改进。如果你知道S型人士的行为特质，就会见怪不怪，遇上有潜质的S型人士，不妨主动激发他的兴趣，加以诱导。在有前辈循循善诱的情况下，他便可能投桃报李，报效知遇。

其实S型人士不会目标为本，也未必为了追求特定的目的而向学。例如学唱歌之余会学习舞蹈，学驾驶同时想到要学习修理汽车。他们反而比较偏重从"学习"过程本身，获取快感。例如他们会向往校园的单纯生活，或追求知识的心灵满足感，学习的过程胜于所学项目本身。因此上司或导师可以对症下药，加以启发。

稳健性很高的S型人士，不介意学习重复而单调的项目，例如修习高等数学、物理学、逻辑学等，只要能诱发他们向学的兴趣，他们便能孜孜不倦。此外，他们可以通过单调的教具便能吸收知识，不一定要活动教学法。而最普遍的工具就是书本，S 型人士可通过阅读与欣赏，寻找心灵的共鸣及对生活的体验，这样的学习过程，他们已觉得惬意和满足，自得其乐。

为 S 型人士制订学习计划，不妨先让他们学习增强自信的功课，鼓励他们敢于梦想，因梦想是行动的开始，要他们强化内心拓展思路的推动力，应该是学习重点所在。例如要他们再深造，梦想拓展拿到另一个学位，以实际的成果推动他们向前，并学习以目标为本。最后还要学习压力管理，针对 S 型人士有时爱应付的毛病，用积极正向的方式施加压力，可以让他们参加一些心理调整课程或研习围棋，都能发挥这样的效果。

S 型终身学习

学习特质

喜欢单纯稳定的生活，不怕学习单调和静态的项目。
不喜欢改变，经常要调节和应变的学习，要花点时间才适应。
比较偏重"学习"本身的意义,而不在于实际的目的性。

可选择的学习

自助旅行或游学，主动与人群接触，靠自己解决行程中的难题。
阅读社会趋势，吸收现实世界变化的讯息，接受科技性的产品。
阅读伟人传记，建立信心及勇气。
参加成长团队，表达内心想法，唤醒内在的力量。

C 型君子剑客——学释怀

C 型人士拥有严谨而自制的"君子"特质，他们自我要求有时都颇为严格，不单要"修身"，有时甚至想要达到"齐家治国平天下"的最高境界，是倾向完美主义的表现。因此学习的项目都算是无一遗漏，要求精确。他们会先做一些客观的评估，了解自己学习的需要；还会了解就业市场形势，计算进修的成本；更会以课程内容和口碑搜集数据，经过一番精确的分析后才确定学习项目。

既然经过深思熟虑，决定学习之后，他们就变得严谨，不会轻言放弃。上课不会迟到早退，当然更不会中途辍学，对于完成习作、看参考书、写论文，都一丝不苟。态度决定成败，在他们眼中学习不能敷衍了事，既然决定行事，便需全力以赴。但由于事事追求完美，显得过于紧绷而缺乏人性或人情味。

C 型人士学习重点应该在于放松自己的修炼上，反而不在专业学问或知识。事关严肃认真的学习，对 C 型人士是老生常谈，根本不用点名鼓励，他们已经费尽心机。反而学习一些将身心放松的项目，可以为紧绷的生活带来一点平衡，如学打高尔夫球、踩单车等。此外，多从事跟人合作和沟通的活动，学习对人付出关心，可让他们修补性格特质的最弱一环，有补充作用。

对别人包容和忍耐，是 C 型人士要钻研的学问。因此他们除了一些个人的学习外，应多参与一些群体的学习活动，如 Team Building 的课程，学习支持团队成员，细致入微地体会别人的需要，加以主动协助，这样 C 型人士可以更体会"不同人有不同强项弱点"的真理。要配以本书所传授的"变脸"大法，让自己更老练世故，愈平易亲人，愈乐于与人合作。当然内在方面，这种心态上的学习最大得益者还是自己。让自己以轻松态度面对变化，放宽生命的"好球区"，做到对自己宽容，也对别人仁慈。正如电影《蝙蝠侠》中歹角小丑（已故希夫烈达饰演）的名句："Why so Serious?"何需太严肃呢？

C 型终身学习

学习特质

要求严谨精确的学习态度，倾向完美主义。
有主见但不会主动表达。
欲语还休的表现，要导师或同学花时间了解才能合作。

可选择的学习

肢体表达与声音训练，让情感自然流露并培养乐观精神。
需要融入团队的学习，与成员共同追求团队成绩，重新认识自己。
学习与陌生人交谈，讲笑话打破僵局，或干脆胡扯一下。

第九篇

财务计划价值观

财务计划价值观

"讲钱伤感情。"视乎你跟哪一类人"交手",或者用哪种态度跟他们去讲。

每个人对待金钱的方法,大致上都会按照其经济状况来决定,或松或紧。综合而言,个人经济状况良好,职业稳定,或者投资获利,手头上银根松动,出手自然偏向"阔绰"。相反,收支失衡,财政紧缩,自然会"节衣缩食",勒紧裤带。

除了上述财政因素"绝对地"影响着个人理财策略外,不同"D-I-S-C"Profile的人士,处理钱财投资都各有千秋。

D 型理财求进取

D 型投资者天生是"大冒险家",特别是强势的 D 型行为者,会为投资团队的每个人制定甚高的标准。例如他们期待所聘用的基金经理、投资顾问,都能有高绩效的投资成果,并会细心审查能够影响绩效的这些人;同样他们无可避免会选择高风险的投资工具,因为"回报要高,风险自然高"是他们认定的一大真理。D 型投资者是外向的,经常会主动跟理财顾问建立关系,以获取更多投资信息。

注定
成功
秘笈

不过，他们相当明白及敏感错误和过失的代价，因此会清楚解读技术性数据，并把理论转化成可执行的方法。D型投资者懂得系统地解决各项问题，不会让情绪影响其决定，更能在多元化及经常改变的投资环境中做决定。他们具有远见，不惧市场冲激，就算面对波动的市场亦会很果断和积极，制订计划并配合行动以达成理想结果。因此优秀及经验丰富的D型人士，也会是成功的投资者。

D 型理财个性

特征	——进取冒险，革新精神 ——自动自主，处事果断 ——勇往直前，成绩导向 ——愿意接受风险程度：极高
性格优点	——预见成果，高瞻远瞩 ——行动迅速，善于变通 ——挑战市场 ——自发性强
理想环境	——毋须面对管制的自由环境 ——富革新性及以未来为导向的环境 ——有渠道表达自己的意见和观点 ——具挑战性和机会性
压力下倾向	——苛刻强求 ——自我中心 ——鲁莽急躁
潜在限制	——要求过高 ——过分承担理财项目 ——欠缺定期分析及妥善计划

I 型理财靠人脉

　　I 型投资者性格乐观，他们非常信赖别人，所以愿意接受人际关系的帮助，愿意接受他人意见。基金经理及投资顾问的建议，他们都会投以信任票，特别是经朋友介绍的专家，或者是任职专业投资顾问的亲戚朋友。当然他们喜欢交朋结友，乐于与自己的投资顾问密切交往，并迅速建立人际网络，乐于把这些人纳入自己朋友的名单之内。

　　他们表达意见时常常具有说服力，容易影响别人，可提出自己的意见及想法，以自己的想法影响他人，只因他们能以热诚，有耐性地聆听、了解别人的感受和帮助别人，可谓真正明白别人并能有效与人沟通的典范。因此很多时候 I 型投资者都跟投资顾问"识英雄重英雄"，除了因为投资顾问会因为他们绝对的信任而投桃报李之外，I 型投资者愿意仔细聆听顾问的建议，让顾问获得专业的尊重，亦是原因之一。因此 I 型投资者不时都可以凭内幕消息获利，就是人脉广阔带来的投资回报。

I 型理财个性

特征	——具有魅力及说服力 ——个性乐观，自信心高 ——令人信服，激励人心 ——愿意接受风险程度：高
性格优点	——会激励别人并转向自己立场 ——能与别人共同进退 ——善用言语表达自己
理想环境	——有不受管制不拘细节的投资自由 ——有高度人际接触的投资环境 ——与民主的理财顾问一起，有不同 　渠道提出意见
压力下倾向	——过于乐观 ——不切实际 ——不小心评估
潜在限制	——杂乱无章，忽略细节 ——选择性聆听，轻易信任人 ——风险集中，过于乐观

S 型理财平稳沉着

S 型投资者喜欢"谋定而后动"，其忍耐力高，喜欢做市场研究，并细心分析，专注聆听，持续吸收投资新信息，坚持奉行具建设性的行动及原则，可说是深思熟虑的投资者。

由于这类型投资者乐于接纳及欣赏别人的理财良方，贯通别人的长处，即使他们没有聘用专业投资顾问，因为他们善于分析，能够感受到、触摸到、看到、听到，及亲身观察到或经验到的信息，因此收看财经分析的电视节目或阅读报刊的投资专栏等，都能整合出个人投资的策略。

既然能够无师自通，S型投资者同样善于跟投资顾问交流意见，他们喜欢听取别人对理财的意见，能够与人耐心沟通，商讨最佳行动策略，以获得最大投资效益。他们与理财顾问能保持良好的关系，只因能对共事之伙伴采取包容开放态度，并容易领会别人的心得，分享其信念，及协助其他人获得理财成果。因此若是他们的投资合作伙伴，每每能达至双赢。因S型投资者能贯彻财务决定，直至完成为止。他们坚持不懈，并具逻辑性的追求理财成果，因此跟他们合作，实是赏心乐事。

注定成功秘笈

S 型理财个性

特征	——轻松自如，充满耐性 ——作风平稳，稳重有序 ——善于聆听 ——愿意接受风险程度：颇低
性格优点	——有决定并为目标努力 ——具逻辑性、系统化的投资者 ——有耐性
理想环境	——稳定和可预测到的环境 ——能长时间学习 ——长久的合作伙伴关系
压力下倾向	——不表态，犹豫不决 ——漠不关心 ——缺乏弹性
潜在限制	——因避开争议而迅即让步 ——难以确定次序的先后 ——优柔寡断，无目标及不知方向 ——不喜欢随便改变投资策略

C 型理财讲数据

C 型投资者性格稳打稳扎，懂得避免失误，因为他们对错误具有高度警觉性，这是缘于对理财环境的高度敏锐，任何市场的"风吹草动"，他们都眼到心到，正好体现"力不到不为财"的原则。此外，C 型投资者的另一特点，是懂得避免因个人情绪而影响投资决定，其情绪稳定，能做出较困难的理财决定，在投资大气候逆转，或状况不顺时，他就是众人皆醉我独醒者。

C 型投资者同样有了解和维持高质量的理财习惯，他们对理财产品及服务，订立了非常高的标准，并致力于塑造高质量及程序严谨的理财模式，作为他们的理财顾问，这点绝对要留意。此外，C 型投资者不介意透过别人取得自我理财的成果，同时欣赏观念相似的理财顾问，要求有条理和高质量的理财计划。因此如果你属于 C 型行为者，并任职理财顾问，相信会跟同类客户惺惺相惜，你们会合作无间并互相尊重。

C 型理财个性

特征	——正直不苟，谨慎无误 ——探究实情，具分析力 ——耐性极高 ——愿意接受风险程度：低
性格优点	——客观处理事实，搜集数据并进行分析评估 ——懂得界定、澄清 ——深具广泛理解力的问题解决者
理想环境	——具技术性工作或理财专业知识，能提供专业意见 ——顾问对理财环境及产品认识度高
压力下倾向	——较为悲观 ——吹毛求疵
潜在限制	——过份看重细节 ——对情况过分紧张，过于保护自己 ——容易表现冷漠及漠不关心

第十篇

时间管理价值观

时间管理价值观

"时间即是金钱。"对于"秒秒钟几百万进出"的商界掌门人而言，驾驭时间就等于理掂财富，这实在是"天字第一号"大课题。一般上班族未必日理万机,营营役役，有时不免抱着"上班等下班"的心态度日。要让他们领悟"一寸光阴一寸金"的"等价交换"法则，实在是知易行难。

不单只位处不同岗位的人对时间管理的看法会有差异，如果你属"D-I-S-C Profile"任何一派的弟子，对时间的管理招数亦会大相径庭，各师各法。正所谓万法归宗，每人每日其实都有不多不少的 24 小时,"本钱"相同，只是各人的时间管理招式体现在行为分析上，最终真正掌管每个人时间运用的缘由，就是他们自己的价值观。有人做事快打旋风，分秒必争;相反有人大耍太极,慢条斯理,当中差异可以透过"D-I-S-C Profile"来参透。上班族行走江湖，明白身边的上司和下属管理时间的理念，知己知彼，就能办事圆滑顺利，智珠在握。

注定成功秘笈

D 型人士时间观

"贵人事忙"，这倒未必是真，不懂管理时间的人，也终日"无事忙"，"D-I-S-C Profile"任何一派的弟子各有坚持，一旦过了火候，都会出现时间管理不善的毛病。就以 D 型人士为例，他们喜欢掌握状况及形势到了如指掌，对时间的掌管亦要分秒不差，属于"永远向前，永不停步，时间第一"那类。通常 D 型人士都是高阶主管、老板一族，所以在他们日理万机的生活中，日程总是编排紧密，安排工作更是紧锣密鼓，不容有失。

他们视工作为第一要务，做事积极，重视成果；任何行事过程总希望一次搞定，讨厌重复某过程，"别浪费我时间"或"你想清楚再跟我说"的表达，常会挂于嘴边。如果 D 型人士是你客户或上司，务必准时兑现承诺，否则准会惹来他的非议。

D 型人士很多时候都以事为主，对人的要求或许会不近人情。他们讲求速度，缺乏耐性，因此跟他们沟通要废话少说，请直接切入重点，不要花时间在细节的描述上。他们多运用事实与数据，总是要求你给他们文件或信息做决定。若跟他们喋喋不休，随时会换来一句："你给我的数据／文件里有吗？我自己看便可以。"

中环区的企业高管，大多是这类人士。他们连午饭时间都加以利用，就算不是洽谈生意，也会相约潜在客户聚餐，或预早沟通关系，或利用茶余饭后搜集行情。总之用尽分秒时刻，为日历上的每个 Appointment 都赋予特定"行动纲领"，绝不容许时间白溜走。

Ｉ型人士时间观

相反，Ｉ型人士喜欢跟人分享，他们爱说话，总爱跟人沟通和联系。他们的时间，大部分消磨在跟人谈天说地、风花雪月之上。不过可能话题没有太多重点或主题，很多时都让人有"闲聊"和"吹牛"的印象，言简意赅并不是他们的特长。

Ｉ型人士宁愿花时间去"煲电话粥"，也不愿看数据及文件，特别是那些字多或看似复杂的文档表格，他们宁愿求助于唇舌，"打电话问功课"胜过去图书馆或查字典。所以经常会收到Ｉ型人士的电话询问："不好意思，麻烦你，可否告知我某某人的电话号码？"他们宁愿找身边有机会知道的朋友询问，也不花时间去翻翻电话簿。

如果Ｉ型人士是你的上司，他会吩咐你："拿这叠文件做个摘要，明天开会大家就可以省些时间。"其实宁愿看摘要而省看全文，最需要的就是他。如果他是你的下属，他们会问："为了省时间，这叠文件哪部分最重要，让我先完成。"如果他是你的客户，他会吩咐你："成交前，这文件的条款请跟我先说明一下。"I型人士很容易信任别人，他们宁愿听信你的Presentation，也不肯花时间去看文件的条款。

所以跟I型人士相处，很多时间是花在沟通之上，游说他们要先得到他们的认同，态度友善，取得信任后，就"万事有商量"。"吃人家的嘴短"，就最适用于I型人士的游说策略。闲来无事，都要跟他们"Keep in touch"。酒吧区Happy Hour时段的客人，大多有I型人士的行为。"今晚出来饮酒闲聊。"就算开宗明义只为"Hea"，都会一一到齐。哪怕是话题乏味，话题东拉西扯，他们都乐在其中，孜孜不倦。大部分I型人士的时间，都用于沟通之上。

S型人士时间观

S型人士天生冷静从容，似乎他们的时钟总比人走得慢。作风慢条斯理的S型人士，做决定不会太仓促，跟他们相处，要多给他们一些空间和时间去思量考虑。他们的动作缓慢平稳，在其他人眼中，他们过于保守，欠缺进取心。如果你害怕"急惊风遇上慢郎中"，担心跟S型人士的时间观念存在差异，就要以耐性来填补。因为他们作为团队的一分子，有时会拖慢整个团队的步伐，又或者被急速前进的团队撇下，被孤立起来。但 S 型人士的稳健作风有时会成为团队的"制动器"，在高速前进的列车中，扮演"大脑"的思考角色，当团队的发展失控狂飙或大气候有所改变时，他们的稳健作风及建议，将成为团队的救命符。

其实 S 型人士最擅长的就是稳中求胜，不熟不做。他们会尽可能避免风险及改变，必须谋定而后动，在他们的字典中没有"冒进"这两个字。反而经常挂在嘴边的那句是："给我一些时间，让我想清楚。"还有"慢慢来，不要急。"

C 型人士时间观

同样是强调效率和逻辑的 C 型人士，时间在他们手上变得"数据化"，是用作量度的工具。为方便做计算，一小时要细分成六十分钟，把工作区分成细份来完成，有时更要把每分钟再分为六十秒，也要把简单的工序作排列。他们经常在运用时间上加以计算，很希望做到分毫不差，渴望零误差。

在他们预算之下运用时间，要强调优先级行事，执行先后有序。比如享用晚餐都会一丝不苟：餐汤要先于主菜上桌，服务员要将面包跟牛油同时端上，甜品要最后，主菜用毕并收走碗碟数分钟才好送上……这样享用才有食欲。要事事依循，否则雅兴大减，宁愿不做。

跟 C 型人士相处不要太急，也不要太兴奋与太热情。跟他们沟通要先按捺着，试着让 C 型同事先沉淀一下，没有事先盘算，让问题浮现出来，他们执行起来就会不踏实，无法得心应手，变得浪费时间。要推动他们做得更好，不妨以现实的资料作辅助，如剪报、数据、最新的统计图表、趋势分析增长率表等，让他们手执重要的佐证，按部就班就能事半功倍。

肢体语言的行为分析

D 支配型——"发号施令者"	I 影响型——"互动者"
言语 ／ 声线	**言语 ／ 声线**
说话快且大声	说话快且大声
声线单调	抑扬顿挫
以事为本，陈述较多，多运用事实与资料	以人为本，陈述较多，但多运用建议与故事
易怒，对人际关系极不小心	选择性的聆听者，总喜欢插嘴
是很糟的聆听者，总喜欢插嘴	情绪化，自由地表露感觉及兴趣
肢体语言（非言语）	**肢体语言（非言语）**
握手时有力且正式	握手时有力且正式
直接的目光接触	直接的目光接触
克制的面部表情	活泼的面部表情
僵硬的姿势，显得有自信	休闲接纳的姿势，显得有自信
会用手指指向别人，手掌紧闭	会用手指指向别人，手掌打开
表达意见时身体向前倾	表达意见时身体向前倾
会跟别人避免身体接触	喜欢跟别人身体接触
迅速且有目的的动作，手部动作很大	迅速无目的的动作，手势与手掌的动作很大
手势没耐心，脚打拍子，指敲桌面或用笔敲东西	松散的手势，停不下，到处移动，头部晃动
*重点讯息——速度："现在就照我的话做"！	*重点讯息——有活力："做且做得高兴"！

S 稳健型——"支持型"

言语 / 声线

缓慢且较温柔
抑扬顿挫
以人为本，陈述较少，但多运用建议与故事
全力与人接触，是很好的聆听者
不情绪化，隐藏感觉

肢体语言（非言语）

握手时温和且正式
避免目光接触
活泼的面部表情
休闲接纳的姿势，显得安静和犹豫不决
手部放松或成杯状，手放口袋中，手掌打开
表达意见时向后倾
喜欢跟别人身体接触
动作缓慢稳定，手势不大
了解的手势：慢慢点头，头倾向一边

*重点讯息——友善:"准备好才做，但一定要做"！

C 服从型——"修正型"

言语 / 声线

缓慢且较温柔
声线单调
以事为本，陈述较少，多运用事实与资料
不关心人际关系
批评式聆听者，较容易提出批评

肢体语言（非言语）

握手时温和且正式
避免目光接触
克制的面部表情
僵硬的姿势，显得安静和犹豫不决
手部放松或成杯状，手掌紧闭，双臂交叉
表达意见时向后倾
会跟别人避免身体接触
动作缓慢稳定，保守的手势
评估的手势：搓下巴，擦眼镜

*重点讯息——精准:"做得对，做的准"！

第四重天

驾驭环境的能力

『天行』健——因势利导，顺应环境

注定成功秘笈

第十篇

降龙有法

七大口诀

降龙有法七大口诀

归根到底，不论你是"D-I-S-C"Profile哪一派弟子，最终依据本秘笈修练成"顺应"神功，把不传秘技——"变脸"大法施展得出神入化，纵横职场自然无往而不利。正所谓左来左挡、右来右挡，"见人讲人话、见鬼讲鬼话"，就是当中的神功精髓。一方面要摸透自己的行为特性，同时又能对身边人的"D-I-S-C"Profile了如指掌，做到八面玲珑，降龙有法，驭人驭事亦会头头是道。正如以下的图解，建立一个以内功（自知）为中心的修炼法则，其他的人和事亦会为你所掌握，万法归宗。

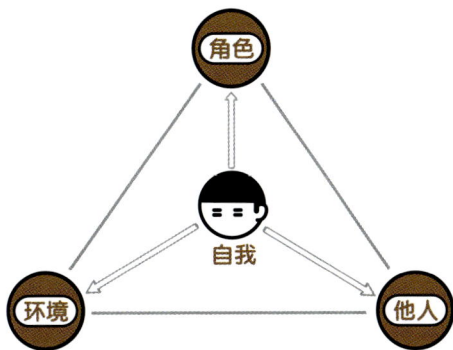

不过"招式是死的，人是活的"，上阵御敌总不能"一本书打遍天下"。本秘笈在最后一篇还想传授各派弟子"七大口诀"，不论是"D-I-S-C"Profile哪一派门人，这些口诀都会大派用场。如能融会贯通，入心入肺，身在何处都能挥洒自如。面对任何人、任何武功，都能降龙有法。

降龙第一式：自知

口诀：若练神功，必须自知

金庸笔下的"笑傲江湖"，邪教教主东方不败练成"葵花宝典"，武功天下无敌。神功秘笈开首第一要诀："若练神功，必先自知"，可见无敌武学都要从自身做起。若你只是喜欢"迷"各类型的书籍，这只能满足个人的求知欲；唯有先"阅读自身"，认识自己，对自己有相当的了解，才可以开始修练这神功。因为人必须要"知己"，才能"知彼"，否则练了功亦只会大费周章，徒劳无功，"变脸"功力难有大增长。若要自知，请先做一个行为分析，弄清"D-I-S-C"Profile。

经过这一次分析测验后，会对自己有充分的认知。当要练神功时，就会事半功倍，得心应手。

降龙第二式：可变

口诀：乾坤大挪移

已故歌星罗文的名曲中一句："知否世事常变，变幻才是永恒"，当中讲得好白——世界常变，因此人变得容易被牵着走。正如武侠小说中描述，人的穴位及经络是可移位的，也正如在了解自己的行为特性后，不同的"D-I-S-C"类型都能移位,千变万化。各人虽有不同特性,却永远是可变的。因为即使已经"自知"类型,但不愿意改变,等同于在自己的头上冠上紧箍咒,仍是僵化不变。其实孙悟空虽然能有七十二变,但只要拿走那紧箍咒便可以幻化万千。

降龙第三式: **外力**

口诀: **诸葛亮借东风**

既然是"可变",就要看看怎么"变"?其实大致上可分为"自己变"及"借力变"。当处于逆境时,可透过自知而改变。不过,如果自我能力不够或环境不许可,还可以借助外力。正如《倚天屠龙记》中峨嵋掌门灭绝师太临终时将毕生功力传授给周芷若,令她一下子变成高手,接任掌门。

当了解当前情势及境况,发现需要的能力自己力有不及时,不妨请高人出手或关照一下,帮你一把,补你不足,解决问题,助你成功。历史中经典例子是诸葛亮借东风及草船借箭,其借助外力的做法,均是上乘"顺应"神功之精髓。

降龙第四式: **相乘**

口诀: **正负相乘**

各人性格均有正负,这些正负特性可令人鲤鱼跃龙门,也可令人没顶覆灭。所以大家必要谨记，切忌只看顺境的一刻，因为世事无绝对，逆境随时登门拜访。人有"正负"，外在环境及对手亦有正负，懂得运用自己的"正"，环境的"负"，可做成相对的优势，但没有必赢。如运用好正负相对优势，就必定赢，立于不败之地。所以运用好正负必令效益倍增，达至"双乘"的效果，是正宗的事半功倍。

降龙第五式： 己用

口诀：有容乃大

将天地间之一切人事万物，为己所用。

之前讲述知己知彼、借助外力、人事及环境的正负特性，都能化成为己所用，包括天地万物皆能用。练好神功，你就要成为一个心胸广阔、有容乃大的人。要接纳彼此性格不同的其他人，甚至互相竞争的对手，学习不要在生命里有诸多排斥或抗拒，便可以"顺应"。即使他们本人不为你所用，但他们的优点、方法、特质，都可以让你借鉴，为你所用。

降龙第六式： 相真

口诀：欢乐时光现真身

要观人于微，并要准确，观其真身，并非看他的变脸假身；否则误中副车，会错对方用意，随时都可能碰壁。

如果你与人初相识，对方有时会筑起防火墙，或是你功力水平不高，又或是对方功力深厚，会看不到或是看错"真身"。在此要给大家小秘方，若想较为容易看透别人真身，最佳的时候是对方处于一个兴奋、轻松的状态，例如大家把酒对饮、Happy Hour 的时刻，所以要对手"现形"，营造轻松环境绝不可少。

降龙第七式：**天人**

口诀：应天、顺人

向各位首先声明，"顺应"神功的精髓是"应天、顺人"，俗语就是"对人讲人话、对鬼讲鬼话"。学会"顺应"神功，也不会违反你做人的宗旨及降低你的人格。对什么人讲什么话，不是坏事，只为针对自己的弱点，改进一下处事的方式，在行为风格上贴近别人，算是一种处世技巧，并非要改变个人价值观及做事动机。如你认为，对什么人讲什么话，是你的大忌或死穴，你难以办到，则可以断言，你在人际关系上准会处处碰壁，你已认定"顺应"是低贱卑劣，神功自然无法练成。最后借镜施展"顺应"神功的终极高手——"鹿鼎记"主角韦小宝，他出身于一个卑劣的环境——妓院，但他可以与许多不同人相处，包容接纳对方，可以做到"顺应"最高境界。他封侯拜相，周旋于多股势力之间，还娶了七位如花似玉的老婆，都是"顺应"自如，达到"天人合一"的最高境界。

最后，一字记之曰：变

不管是"D-I-S-C"哪一派弟子，如果抱着"我就这样，改不了了！"又或者"你认识我时我就这样啊，你想变你变好了！"等想法，那一定要记住一个字"变"！因为只有时刻求变、精益求精的人，才能修练"注定成功秘笈"的材料。切记：不采取因循苟且的态度，就不会"注定失败"，那么，事业成功、仕途得意将是指日可待。

第五重天

实践篇

成功的关键是学习成功

张建华

开朗健谈的建华是典型的孔雀——I 型人，喜欢广交朋友，又擅博采众长，以致谈起从业经历时，口头始终离不开"向大师学习"这句话，甚至座右铭也取经于一位成功前辈。

迪拜高峰会。

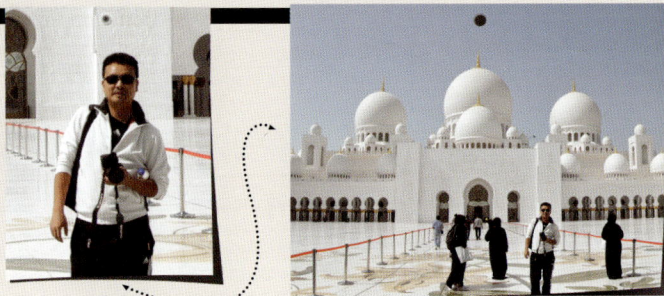

认同感促成保险之路

做过机关下过海的建华 2004 年开始接触保险，但他并未从当时了解的几家保险公司找到文化认同感，直至 2005 年经人介绍，才决定到信诚人寿一试身手，"主因是对信诚人寿外资股东公司英国保诚的文化比较认同，同时这家中英合资的保险公司在业内罕有的'经理人计划'也比较吸引我。"

从此建华的一只脚算是踏入保险圈，但他仍未放下手头的生意，于是就这样兼职到 2008 年，他的人寿保险业绩不好不坏，职业目标也不太清晰。"自从我 1999 年下海以来，也算积攒了一些家业，在北京拥有四套房产，即使不工作也能月入两三万元，这些经济收入令我没有压力，因而也不会全身心投入保险业。"

缺乏事业发展动力的建华于 2008 年赴广州参加信诚人寿的一次保险大会。"那是我第一次亲历如此多的朝鲜旅游。

保险界卓越人士，这些大师的成功经历一下吸引了我，不仅让我意识到保险业发展空间如此之大，更激发了我不服输的性格。"回忆起那次保险大会，建华至今念念不忘："最触动我的是，有位同事资历与我相仿，业绩却远在我之上，这驱使我开始反思自己兼职多年的作为。"保险大会之后，建华一回到北京，便决定成为信诚人寿保险公司的全职保险代理人。"因为我意识到兼职做保险无法让我在事业上有所作为。"

为挑战而挑战自我　　成为全职保险代理人之前，建华已有三年多的从业经历，但因为工作压力不大，他始终未尝试过最为艰苦的街头"陌生拜访"问卷式营销。不过回到北京不久，建华便决定，为全面提升自己的保险事业，首先从令人望而却步的陌生问卷式营销开始，挑战自己的营销能力。

137

　　"提出如此挑战的最大动因还是我骨子里的那份荣誉感。" I型人天生的表现欲让建华不甘于做一名简简单单的普通保险代理人，他也希望有一天能成为公司保险大会的明星，拥有卓越不凡的光环，在讲台前向同事传授成功经验。

　　于是，从2008年3月开始，他效仿那位成功人士的做法，在北京金融街街头摆起了营销摊位，向过路人发放问卷、推销保险产品。业内人士都清楚，问卷营销最难熬的时期是第一阶段，"大概经历了五个月之久，之后展业局面就会轻松打开。"很多人没有逃过最初阶段的艰苦历练，败下阵来，而建华凭借多年经商实践，加之与生俱来的良好沟通能力，很快寻找到营销突破口。

　　"我几乎只用两分钟时间便能和陌生人交上朋友，因此，问卷前期，我开发的90%以上客户均为陌生人，更有意思的是，这些客户几乎100%是I型人。正所谓志同道合吧"。建华爽朗地笑了笑。想起当年的这段营

销经历，他最大的感受就是由内而外深刻体会到保险营销的真正意义所在。"尽管开发的客户不少，但遭到的拒绝更多，问卷营销恰恰是对一名保险人最好的心理历练，而不经过这些拒绝和困难，不会下决心开拓更广泛的保险事业"。

博采众长
用心开发客户

不过建华也会对那次挑战产生一定反省："问卷期开发的客户有些过于求同存异，比如除了和自己相同的 I 型人外，很少开发其他客户类型，尤其是 D 型、C 型人，以致至今这两型人都是我开发客户的难点所在。再如，身为 I 型人，喜欢凭感觉行事，当初头脑一热，认为别人可以成功，自己为什么不能？于是毫无准备便跑到街头展业，缺乏像 C 型人那样的缜密思考和详尽计划。"

现在，建华会刻意规避自己性格上的弱点，并充分发挥沟通与学习能力，向成功人士求教，博采众长、为己所用。比如，为扫除自己客户中的"盲区"，他主动去与有主见、注重结果的 D 型人及考虑全面、注重细

节的 C 型人交往、沟通、展业，建华聆听了成功前辈的无数次营销讲座，从他们的谈话方式、谈话节奏、讲话语速以及各种课件准备及营销细节，都一一学习，分门别类，重点突破。"最令我深受启发的是他们的营销理念，即与客户打交道的目的不是为了推销，而是为满足客户的理财需求提供周到服务。"建华说，作为 I 型人，一旦认同一种理论，他会很快接受，并融入自己的展业实践中，这种潜移默化的影响使建华的大客户数量陡增，"这些大客户还会口口相传，又为我带来不少转介绍客户。"

通过向保险界成功人士取经，建华身为 I 型人的"善变"个性也在悄然变化。"以前我会将各种营销方式全面铺开，营销创意也层出不穷，现在我从成功人士身上得到启发，只专注于初面和转介绍等一两种方式。"而为专心致志完成一个目标，建华还会在不同时期订立不

同的子目标，"I型人喜欢设定目标，但一定要立竿见影，一旦遥遥无期，行动力就减弱，执行力会受到影响。因此我会为了完成远期目标，订立一系列近期子目标，并将这些近期子目标用图表或文字等实物形式展示出来，以便时时激发我的行动力。"

投身保险圈逾七载的建华如今已告别青春韶华，步入中年时代，对于七年的经营业绩，建华的总结是"做得不错，还能更好。"喜欢表现、更勇于挑战的他一再强调只要有机会便要冲锋在前，"绝不退居二线"。如今身为一名成功的 Team leader，建华不再仅满足于站在保险大会的讲台前宣讲成功经验，"知行同步"正成为他新的事业目标。"知与行的距离是最远的，而成功就是尽可能拉近知与行的距离。"他的话已传达了他对自我个性与职业生涯的崭新认知。

黄婷

成功的人生像长跑

座右铭

生活是有弹性的。

黄婷上小学时，曾是位长跑健将，但随着岁月的流逝，她几乎淡忘了那段经历，直到二十余年后，她投身保险圈，才终于意识到自己的成长模式恰恰暗合小时候练长跑的经历。

左上／潭柘寺。 右上／在信诚第一次赢得了公司的高峰会，和我的主管苏小靖还有总监广昕一同去追拜。 右中／爨底下村旅游。 右下／灵山旅游。

长跑的启示 　　去年黄婷参加公司组织的一次培训，其中一项为长跑。久已不上运动场的她最终在男女混跑的比赛中取得全体第四名、女士第一名的佳绩，"最后冲刺阶段还超过了一位男士，这让他颇为耿耿于怀。"黄

婷有些得意地笑了起来。

正是这次长跑比赛，促使黄婷深思，"我这一生的行为模式其实都与长跑有关。练过长跑的人都知道，长跑比拼的不是速度，而是耐力，跑步过程中要根据不同阶段进行规划。比如起跑阶段不能冒进，中间阶段需慢慢加力，并不断调整状态，最后阶段一定要冲刺，按照此法跑步，即使不能成为第一，也一定会取得不错的成绩。那位最终被我赶超的男士显然忽略了最后的冲刺，以为大功告成了。"

回忆自己求学阶段的人生经历，黄婷的每一步都像在长跑。"无论求学、工作、换岗，我在每一段生涯的初始阶段表现得并不算出类拔萃，比如考大学时成绩稍逊，读了大专。"但从此黄婷以"上大学比读高中更努力、工作后比上大学更努力"的劲头和持久力，成功走过从大专到本科直至 MBA 的求学生涯。

黄婷的职业生涯更折射出长跑者的种种特征。从 1995 年大学毕业进入航天部任数据采集工程师，到 2004 年左右进入外企负责运营管理，直到 2011 年转行到信诚保险，黄婷在 17 年的职业生涯中转换了多次工

清东陵旅游。

作。"每进入一个新的工作环境之初，我都会保持新人心态，决不冒进，只低调地做好应学的基本功课，积攒实力，然后慢慢发力，最终往往胜出，当然并不一定取得第一。"

初入航天部时，黄婷承担航天试验中至关重要的

数据采集任务，由于每项数据都对航天试验的成功与否起到决定作用，稍有马虎，后果不堪设想。而本为双人互相校准的岗位又因种种原因很长时间只能由黄婷一人盯岗，她更深感责任重大，同时对自己的要求也更为严格。"这段工作经历促使我养成极为严谨有条理的工作习惯。"

带着这份严谨的工作态度，四年后黄婷跳槽到一家外企，并深得相当苛刻的上司的赏识。"我的主要工作还是与数据有关，对我来说，经过在航天部的多年历练，我采集的数据一定能做到万无一失，而我的老板曾亲口说，'别人的数据我不敢确信，黄婷的数据一定信！'"

不要碌碌无为的人生

正是在这一缓慢发力的过程中，黄婷积累了独具一格的成功元素：坚持不懈、力求完美及坚定信念。她的工作信念是"永不让自己碌碌无为。""虽然航天部的工作十分安逸，我却决定离开，因不想就此终老。"而后在外企近十年的工作生涯又让她感到一种触碰天花板的无奈，"上升空间受限，就像长跑时早已冲过终点线一样，没有了前进的动力。"对于得过且过的人来说，"混日子"并不难，但身为拥有坚定信念的长跑者，黄婷开始纠结于这样的工作状态。

正当此时，工作之余攻读 MBA 的黄婷读了两本老师推荐的书籍，《郎咸平说：我们的日子为什么这么难》及《三十年后你拿什么养活自己》。两本书直指国人的财务状况对人生的影响，这让本就对现状不太满意的黄婷油然而生一种危机感。"事业遇到瓶颈让我开始担心自己未来如何养老，而打工的状态也催生出一种不安全感，创业吧，以我 S 型性格来讲，具有一定局限性，所以当时十分困惑。"黄婷坦言，那段时间很像长跑中常有的累到想要放弃的阶段。

白晓野是我在航天部的好朋友，我做保险之后，她主动地给我介绍客户。

正纠结中，黄婷找到一位从事保险的"闺蜜"交流心路历程，这位朋友力荐她到保险行业一试身手，并和她一起进行保险职业发展的规划。工科出身、又一向与工程技术打交道的黄婷对自己的营销能力并无把握，"但不想碌碌无为的我认为别人能做到的事，自己也不会太差，所以就决定转行从事保险业。"

如今仅一年左右时间，黄婷和她的团队便成为信诚卓越营销竞赛的获胜者，谈起现阶段的成功，黄婷仍不忘自谦："其实我并不认为自己有多么成功，顶多只能算一次长跑中的胜出吧。"

**S+C 型的
成功范本**   身为 S 型人，做事严谨有条理的黄婷同时具有 C 型人的特质，她坦言集两种性格于一身的成功优势是"上传下达、有执行力、与人为善、诚实认真。"

"换过多次工作，并不断加入新的行业，我总是把自己当新人看待，没理由自大，表现得比较听话，总是按照主管和老师的要求去做，我想这是成功的秘笈之一。因人过于自我膨胀往往会栽跟头。我这样的心态相对来讲走的弯路会少一些，加之比较幸运，遇到好的团队和主管，因此总能持续沿着正确的方向走下去。"

而不喜欢正面冲突的黄婷与人为善的性格特征又为她争取到好人缘，加之高标准要求自己，团队上下都对她十分认同。"走到现在，如果说我尚算成功的话，还要得益于自己对工作并不挑三拣四。"从求学之初黄婷便发现总是和不喜欢的专业打交道，"但出于理智，我并未放弃，后来工作也是一样，我的信念是，既然做，就一定要做好。"现在黄婷时常劝诫团队中的组员，"没有什么不适合的工作，只要努力，谁都可以表现良好，当然做到出类拔萃还需要天分。"

注定成功秘笈——**黄婷**

149

过去十七年的"长跑"生涯让黄婷不甘于安逸的同时，也享受到变换工作的快乐，并提升了视野。"生活就是要有弹性，而这种内在推动力就像有力的双脚一样，比外在的名誉更持久，更让人难以放弃每一次长跑。"黄婷未来的梦想是，用这份保险事业为自己建立起人身意外及养老的双重保障之余，"能按照完美的模式开一间属于自己的店铺。"梦想虽看似过于理想化，但对黄婷来讲，只不过又是一次人生的长跑。

成功的人生没有退路

安丽

　　出生于辽宁海城一个贫瘠小山村的安丽刚刚度过她的不惑之年，言语中却仍然透着年轻人特有的意气风发。"山窝窝里飞出一只金凤凰，勇闯未来可谓我这四十年来的人生写照。"安丽爽朗地笑着。拥有 I 型人的热情、开朗和随和，同时又兼具老虎型人的领导力和表现力，安丽骨子里充满着成为优秀营销团队领袖的基因。不过，提及在保险行业闯荡八年的成功经历，她首先归功于自己的家族血统。"正是我的家族让我拥有了一颗执着而驿动的心，从事保险营销，恰恰需要这样的性格。"

爱骑行，崇尚 LOHAS 生活！Dogood、 Feelgood、 Lookgood。
（做好事，心情好，有活力。）
一种贴近生活本源，自然、健康、精致的生活态度。

　　姥姥的教诲、留学俄罗斯、独居房东、单亲女儿、一个人的旅行……这些看似毫不搭界又颇显落寞的事件和人物，却是支撑信诚人寿保险代理人安丽走向成功的重要坐标。

根植家族的
开创精神

还在孩提时代，安丽的姥姥、一位年轻时家道殷实，中年却因战争、因内乱"闯关东"的青岛老人便在安丽及兄弟们幼小的心灵里埋下不安分的种子："你们不属于这里，你们应该过更好的生活。"老人寥寥数语对于十几岁的安丽来说，不啻于一场心灵的震撼。"从那时起，我真的认为自己不属于那个山村，我应该走出去！"命运之神从此开始改变安丽的人生。

"因为专业诚信，所以值得信赖"
——2008 年 RFC 国际认证财务顾问师毕业照。

从那个贫瘠落后的小山村走出来，13岁离家求学，20岁走出国门，七年海外历练后选择回国创业。2001 年两手空空来到北京，带来的是满满的创业梦想和豪情。时至今日，来京十年，回首这十年十步，她说："我想我也应该算是数百万北漂一族中梦想落地生根的一个了"。从月薪1700 元到年收入数十万，从一无所有到今日有车有房有自家生意，父母孩子一家人幸福快乐生活在一起。"我在反思是什么成就了今日的我？你信，或者不信，我都

15

想说——是信诚，是保险！"自从 2004 年在买了一份信诚保单之后，安丽就被信诚大量的免费培训而吸引，在这所国际化商学院中她接受到了中西合璧一流的培训，在这个业界领先的创业平台上她成长着成熟着。八年来，从 TA(寿险顾问) 开始一步步晋升，当有机会历练身手的时候，安丽又于 2008 年去了新筹的分支机构——信诚青岛，体验从零开始从无到有的开创，从无所能到无所不能的能力破茧，从 BM(业务经理) 到 SBM(资深业务经理) 的成长。信诚一如深邃无垠的大海，以其无限包容的胸怀接纳着生命不息折腾不止的她。她说："我就像李察·巴哈的《天地一沙鸥》中的乔纳森，当我终于找到了我在保险行业的'海鸥长老'——香港保诚余

注定成功秘笈——安丽

汉杰，当我很清晰地知道跟随智者，只要刻苦历练就一定能达到事业生活的完美状态，我毫不犹

七年海外生活，今日仍保有外籍友人交际圈。

豫地回归信诚北分，重新起航。2011 年，被我定义成——我的生活元年 & 我的保险元年。"

结缘保险源自恐惧

促使安丽最终选择保险业，离不开她在俄罗斯的两次经历。21 岁那年，还在读书的安丽失去了一位国内来的好朋友，这位友人作为商贸团带队

153

翻译，不幸在俄罗斯遭遇车祸，再也没醒来。她的去世让安丽第一次对死亡产生莫大的恐惧。"因为我是家里第一个出国的人，我怕万一自己也回不去，怎样给家人交待？"担心之余，安丽咨询专业人员了解到购买保险可以得到一定保障，自此，她成了一名"保险控"。时至今日，名下近20张保单让她拥有了一股强大的安心的力量。"在我的路上，除了上天赐予的光明，还有自己准备的路灯"，她说："这样才可以驱除我内心深处的恐惧。"

另一件事则与她的俄罗斯房东有关。还在上大二时，安丽为便于与俄罗斯当地人交流，自己在外租住了一位退休俄罗斯女医生的房子。女医生独身一人，愿意以免费提供住房为代价，请安丽做居家保姆。"女医生几乎双目失明，她孤苦伶仃的样子让人很心酸，但她跟我总回忆年轻时的风光无限，这种反差让我产生一种危机感：花无百日红，人应该在年轻时为自己做好养老规划。我不想将来像她一样，年轻的时候风光无限，而年老了却风烛残年！"

与女儿一起出海，同舟共济。

13年后重返留学的城市——俄罗斯克麦罗沃市

正是有了这些震撼心灵的经历，安丽自踏入保险圈以来，年年都利用元旦假期进行总结规划。"先盘点自己过去一年的成绩和不足，再做新一年的预算规划。比如我还在租住房子时，就做好购房预算，很快便有了第一套100平米左右的住房。之后的一年我会做换新房的预算，因为要与父母同住，我还需要更大的房子。这样，2007年我便实现了预算目标。"安丽每年的新年预算几乎总要产生赤字，但她从不会设法削减这些赤字，"因它会激励我继续努力，赚取更多收入，以实现看似不可能的目标。我经常会问自己："目前，是我能给挚爱的家人提供的最好的生活条件吗？好像还不是，他们值得拥有更好的生活，而我有责任和义务！"

走出去的人生不会停步

如今，人到中年、事业有成、家庭幸福的安丽在常人眼里已功成名就，无需再为自己设定更高目标。但安丽说，她的人生不能没有目标。与过去物质层面的目标不同，如今她的规划更多涉及精神层面。

155

　　"看风景，看生活，看清自己"，一个人的旅行是安丽在今年四十岁生日时送给自己的礼物。30岁生日时她曾一个人在俄罗斯旅行了一个月，作为对自己留学生涯的纪念。这一次安丽选择了24天的欧洲旅行，以便有充分时间体味欧洲的历史底蕴和生活品质。她推崇《孟子》所言"夏虫不可语于冰"，"跟夏天的昆虫讲白雪皑皑的冬天是无济于事的。只有亲身感受，才能突破认知的局限性，才能了解自己的需求。"

　　每次出国旅行，若时间较长，安丽会将一个存有各种财产、身份证明甚至遗书的密封大信封交给妈妈保管，"身在保险业，让我习惯了居安思危，既然有想走就走的勇气，就要有说回不来就不回来的豁达。这个信封恰恰是对我自己当下的一个盘点。"

　　人到不惑颇有些感悟的安丽，未来的目标是成为一名国学文化传播者，游走于各国孔子学院，义务讲授国学，兼周游世界。这可是和保险职业生涯一点关系也没有，说到未来在保险业的发展，安丽开心地笑了，"值得欣慰的是，我的女儿在去年跟随我们一群志愿者去了玉树，在没水没电没通讯没网络没邮政的曲朗多多峡谷有我们将长期资助的一个小学，此行让女儿改变很多。

她说："妈妈，我觉得你们做的事情非常有意义，以后我也要和你一样去信诚做保险。"从玉树回来她就立志将来去英国读金融。"你看，我后继有人了，我的客户也有福气啦，可以服务到下一代呢！"

"很多时候，目标本身对我的吸引力并不大，其背后的影响却是我不断努力的动力。因我一直想求证我来到这个世界的价值。"对于目标的话题，安丽如是说。爱读书，爱摄影，爱骑行，爱上"乐活"生活的安丽，如今追随着保险大师余汉杰先生开始了"1/3 时间工作，1/3 时间旅行，1/3 时间践行信仰"的丰盛生命生活方式。她说："《建国大业》主题曲追寻的一段歌词应该是我内心世界的真实写照。"

大道无垠
那人世间的大爱无疆
我苦苦追寻
抹不去的那一片云彩
心中
我生命的那份纯真
追寻
那传颂和不朽的真爱
『我执着地求索在漫漫路上

与恩师余汉杰，追随大师追求事业巅峰。

李玉

不求成功
只求
内心的
强大

身为基督徒的李玉，从来没有将自己与成功人士划上过等号。因此，入行不过一年便因业绩出色成为成功人士访谈人选之时，李玉感到些许错愕，"大概是经历太过坎坷，让我感受不到成功的快乐。"

一次变故
改变人生观

闯荡北京十余年的李玉，曾经拥有一份很多女孩子梦想的事业：自己开店经营服装生意。经过一番艰苦创业，李玉和家人经营的服装摊位不仅在北京各大超市和卖场站稳脚跟，更扩展了五六家分号。那是一段十分难忘的工作经历，李玉带领一群年轻雇员征战各

大超市和商场卖场，享受着身为老板不断"发号施令"的满足感，同时生意风生水起，也让她免去了初期创业的不少辛苦，"一个月只有上货的几天忙碌一些，其他时间基本闲在家里。"

对于 D 型性格的李玉来讲，这种生活工作两不误的惬意也会带来一种失落感。"以前人们问起我最热衷的活动是什么，我会毫不犹豫地回答是挣钱。但骨子里我并不满足于仅仅为了挣钱而生活。"那时的李玉开始感受到"温水煮青蛙"的煎熬，"年纪轻轻，已能预见到自己晚年的生活状态。"D 型人特有的雄心勃勃和昂扬斗志开始折磨她的神经，她意识到自己的人生需要改变。

或许一切都是天注定，正在寻求改变的李玉遭遇到人生中最大的一次坎坷：五年前的一天，即将临产的李玉突遭家庭的重大变故，初谙世事又不擅人情世故的李玉还来不及悲痛，便陷入生养孩子及家庭经济纠纷的"内斗"中。她声称在这场经历中目睹了亲人的反目，也看透了世态炎凉，更深感莫大的无助，甚至曾因一时化解不开的矛盾有了轻生的念头。"但那时孩子已经出世，我突然感到自己责任重大，抚养孩子并许给他一个幸福的未来瞬间幻化为我的人生目标。"

**信仰
引领入行**

这场可谓改变李玉人生的变故最终让李玉决定转行。"因为从那场变故开始，我的人生目标就是许孩子一个幸福的未来。而近几年服装生意面临的商业环境越加恶劣，我担心这份事业今后无法满足我们母子的

生活需求；更为重要的是，当养育孩子已成为我的一项事业时，提升自己的价值便成为当务之急。"

于是李玉开始寻找适合自己的新职业。那时候，没有亲人的关怀和帮助，她对于转向何种行业并无明确概念，更因从那场变故而对身边人产生了严重的不信任感，她一时也无法吸取他人的职业建议。"坚信一切都要靠自己"的李玉很快开始寻求神的帮助，并加入了基督教。教友中有人从事保险行业，促使她开始留意这一行当。"但那位姐妹并非促成我进入保险业的人。"李玉坦言，一度曾对保险业有一定的反感，"这同样是源于不信任感，总觉得别人向我推销保险分明就是盯住了我的钱包。"

带着这种不信任感，李玉在保险圈外徘徊了近四年时间，直到一次偶然的机会听到余汉杰关于基督教精神与保险营销的演讲，"发现一个信基督的人居然可以从事保险行业，这让我很震惊，从前想当然地以为充满一定欺骗性的保险行业原来也有真诚在。"追求精神大于物质的李玉开始抱着试一试的心态踏入保险公司的大门。

那时，因担心孩子以后的教育费，李玉也开始有

了理财需求。但经商多年的她深谙"不能将鸡蛋放在同一篮子"这样简单的道理。于是她按3:3:3的比例将先期投入的十万元资金分别放在银行、股市及保险公司。"但那时还没真正入行，投保之后便有了想到保险公司一探究竟的心理。"

助人者
自助　　个性坦率、果断又有几分天真的李玉在放弃服装生意转行保险之初，也曾有过几分犹豫。"毕竟是经营了十多年的事业，又有了一定基础，从头再来的我对保险还不甚了解，客户也要从零开始。"不过一想到孩子的未来，还有"煮青蛙"般的折磨，李玉的信心便越加坚定。

　　初入行时，李玉的营销业绩很一般，但因以提升

自身价值为主要从业目标，她并不急于获取所谓的成功。无心插柳柳成荫，没有强大客户关系网的李玉却因一次无意中的助人得到帮助，最终打开营销局面，并从此在保险业建立起充足的自信，事业风生水起。

对于这段缘故，李玉的解释是"我比较幸运。"入职不久，她的一位拥有多年交情的女友，像她当年一样遇到棘手的家庭问题，感同身受的李玉便真心想去帮助这位女友。"可能是我的 D 型性格使然，我在精神上很快成为这位女友的依托，因女友极度缺乏安全感，我便帮她规划理财事宜，以便给她的生活增添一些保障，包括为她规划一些用于养老的保单。"当初帮助女友时，李玉并没有想过会对展业产生什么影响，"帮她理财也是出于解决后顾之忧，但不知不觉中自己的业绩表现却因这位女友的保单得到很大提升。"从此李玉很快突破了转行瓶颈，营销业绩越加出色。"我现在更理解了圣经中的许多道理，比如救人如救己，万事皆效力等等，这些道理也逐渐成为我的营销理念。"

一向追求内心强大的李玉始终不承认自己的人生是成功的。"其实我在生活最为困顿之时，甚至对人性都产生过怀疑。这几年我的想法完全改变，主要得益于我在精神上找到了精神作为寄托。因此无所谓成功与否，我只想发自内心荣耀精神，见证信仰给予我的恩典。"

一路向前走的田红

埃及让我最震撼的不是金字塔而是卢克索神庙，就是电影尼罗河惨案的拍摄地，从上面推石头砸人那个地方。

田红是 S 型性格，但她自己似乎并不清楚。她外表恬静，声音甜美；喜欢水到渠成，不愿意正面挑战；愿意默默相助，做些锦上添花的事，遇到自己的挫折，她会想办法绕过那道坎，就当什么也不曾发生。

进入保险业，纯属偶然。她从全职太太突然成了单身母亲，为了儿子的抚养权，她急需一份工作。因为以前的同事司徒欣（她心目中那么优秀的一个人）进入保险业，她很好奇保险职业的魅力。她有充足的时间去体验保险培训，于是就一脚踏了进来。仅仅一年，她的业绩出奇的好，已参加多个公司组织的奖励游，荣获 2011 年度信诚人寿全国新人奖第 8 名。当刚从埃及、土耳其旅游回来的田红带着一股地中海的阳光气息，站到我们面前时，我们似乎突然醒悟这些让很多人不解的"大单王"是靠什么获得保险客户的垂青的。那就是：良好的素养、开朗的性情、阳光般的亲和力和诚恳。

在土耳其坐船穿越欧亚大桥时，碰到一个83岁的美国老太，看到我们很亲切。她说她的侄女在中国收养了两个小孩，去年她还来了中国。这么大岁数还在和朋友出去旅游，羡慕呀！

和原来报社的几个朋友在日本。

良好的素养决定了高质量的朋友圈

田红毕业于北京师范大学，她的第一份工作是在一所中学当老师，6年的教师职业，她似乎并没有找到完全属于自己的快乐和归属感。"可能是自己的耐心比较差一点，不适合当老师吧。"离开教育岗位，田红顺利考入了一家报社，当记者、编辑。她觉得报社是一份特别适合自己的职业，每天都要与人打交道，每天都要追逐最新发生的生活要事，每周看着自己新鲜出炉的版面要等着读者去评判都有一种欣喜。虽然有压力，但她认为她喜欢这种有新鲜感的工作。田红在报社一干就是十年。

在儿子上小学三年级时，她在工作和家务活儿之间要做一道选择题。她觉得报社的人事环境复杂起来，效益薪水也在不断走低；而同时丈夫工作比较忙，完

全照顾不了家庭；儿子又到了需要家长陪同和接送上各种提高班、课外活动的时候，田红离开了报社，决定索性回家相夫教子，当起了全职太太。"当全职太太时，也有机会做做股票、基金等理财的事；也有时给企业做做策划、宣传的事；有不固定但不错的收入。当时不少朋友都说这样挺好的，两不耽误。可能也是当初没有太强调这是家庭的分工，时间长了，这种关系慢慢衍变为附属的关系，缺失了自我……现在看到一些刚辞职回归家庭的全职妈妈，特想提醒她们一下，找个家庭、事业兼顾的工作……"

她说："我的保险意识还是比较早就有的，当许多人还在说保险是骗人的时候，我就为全家买了不少保险，而且是我主动去找保险代理人买的。"从一开始，她对保险就有比较正确的认识，没有拿保险跟理财产品做比较，而是把保险当成分散风险、增加保障的一种手段。

她出去销售的第一份保单，当然是跟熟悉的朋友做的。现在大多数人意识到了应该上保险，但只是反感一些死缠烂打的保险代理人和一些急功近利的保

和家人开心畅游是最快乐的，有时一起"2"，好多年后看到照片还能会心一笑。

险营销方法。而现在公司的精英团队素质已经很高，开始做理财顾问式一对一终身服务。田红销售的第一份保单"含金量"就很高。但她自己则反省："其实刚开始是很稚嫩的，保险讲得并不好，客户能在自己这里签单，完全是因为多年的朋友关系对我的了解和信任，他们认为我绝对不会骗他们或把不好的东西兜售给朋友。"

她说她业绩还不错得益于曾经当记者的时间比较久，见多识广，认识很多很多人。"做保险时，也是因为当时做记者积累的人脉，还有当记者时积累的各种与人沟通谈话的经验，才能恰到好处地向别人介绍保险功用。采访前，要做很多功课，比如写采访提纲、了解采访对象的资料；遇到各种采访对象时，怎么突破对方的内心防线，让对方说得更多，采访到更有料的新闻。"其实田红那些年积累的采访经验也水到渠成地用到了与客户谈保险上。保险营销一样有这些方面的"路径"。

田红是一个对朋友很真诚、很随意又很宽容的人，她是一个好的聆听者，朋友都觉得她善良、安静，又不失开朗、活力。"一旦成为朋友，他们都很信任我。"其实，这是 S 型性格人的典型特征：有亲和力、是一位好的聆听者，对一件喜欢的事和人能够持之以恒地做下去，一直朝着目标前行。

痛苦属于过去
生活属于给予

她虽然刚刚经历过不开心的离婚，但似乎你从她身上并未看到那种单身母亲的忧郁、哀怨和纠结。她向伙伴解释一张张令人羡慕的大单的来历，颇为轻描淡写："就是约朋友一起坐坐，有时是约好一起吃饭，有时是约好一起逛街。而最好的方式就是朋友聚会时当朋友们聊到经济形势、金融理财、健康养老、子女教育及移民投资等大家关注的问题时，你作为一个对金融理财有所了解的人，告诉大家一些家庭金融理念，顺便把保险的功用告诉大家，对于不同的家庭，功用会截然不同。不针对一个朋友谈，这样朋友的压力会小，而且告诉他们我一般谈保险会给客户的家庭做一个全面的理财规划，只会谈一到两次，不管成交与否，我就会去谈下一个客户了，没有时间'缠'住一个客户，有时哪个朋友有兴趣就会再约时间单聊。"

看似随心所至，其实她是一个有心人。刚进入保险业参加培训时，她把培训当成免费的金融讲座，了解了各种金融工具，了解了保险并不是只有简单的保障功能，保险代理人的职业实在是一个好职业，必须不断学习更新知识，保持一种积极、新鲜的状态，为客户提供专业的服务，真真正正能够帮助到客户。保险是每个中产家庭都需要的，中产家庭最大的风险就是——失去经济支柱，因此需要保险；保险也是贫困家庭需要的，因为贫困家庭完全没有面对突如其来疾病或意外的抵御能力。如果能在平时买一点保险保障，相当于集腋成裘，在关键时刻能发挥重要的作用。保险也是财富人群需要的，对于富豪们，也许遇到生老病死都有钱解决，但保险在他们的财富传承中还有着重要的作用，能够准确传给想传的人，而且还是免遗产税的。同时保险也是家庭财产的一道防火墙，李嘉诚就曾经这样说："只有我给家人上的保险才是我的财产"，因为其他的财产都可能因为一次投资的失败而灰飞烟灭。田红说，她在做保险的初期，觉得

是朋友在帮她，随着对保险的不断了解，她现在觉得自己同时也是真的在帮助朋友。这种发自内心的感受，让她每天见客户都很舒服，很享受……

田红参加完培训，发现她即将加入的团队是信诚最大的团队，Team leader 是她佩服的广昕（有着广博的哲学及金融行业专业知识及经验），而团队中的每一个人都与她以前看到的保险代理人不同，素质都很高，都有丰富的阅历和才华。物以类聚，这也是 S 型人看人比看事还重要的个性。田红自己也说："选择保险这个职业，并且坚持一年，还准备好好干下去，还想自己带团队。重要的原因就是我所选择的这个非常优秀、我自己非常喜欢的团队和信诚这家稳健、诚信、有着百年历史、充满人文关怀的保险公司。"

她加入保险业后，开始觉得自己以前还很了解的财经知识实在不够用，于是她开始像当初当记者一样每天关注最新的财经动态，恶补各类财经知识，以便与客户谈保险时更专业、有问必答。她不仅仅是销售保险，而是和客户一起做家庭金融的选择题和理财计划。

她说自己的长处是善于学习，她入行后很用心地向资深代理人学习。怎么给客户做财务规划，怎样为客户服务……因为入行短还没有理赔案例，她会去收集一些一手的真实理赔案例，公司成立以来的一手的分红状况。"理赔案例为让客户更直观地了解保险的意义，了解公司理赔程序及速度，让客户对公司的服务放心。了解分红也是让客户对公司如何管理经营自己的保费有一个直观的把握。"找一手资料让自己信服，才能让客户感受你的诚信。

应该说，她把十年记者生涯中很多有益的积累都用于保险营销实践中。她说，保险代理人与记者有相似的地方又有不同，保险代理人有与记者一样的灵活工作时间，又有与记者一样每天面对不同客户的状态，但记者、编辑的升职空间有限，因为优秀的记者编辑很多，但能够升职主编、总编机会的只有一两位。而保险代理人只要做得好，就可以不断升职，还可以做自己的团队，有自己的团队文化，"心有多大，天有多大。"还有一个记者职业不具备的优点——可以更加自由支配时间，有的代理人，工作半年出国旅游半年，有的一个月工作一周，余下的时间照看孩子。

看得出，她是留恋记者生涯的，她把这份留恋转化为对保险的热爱……

其实她是一个内心强大的人，她的这种强大令她误以为自己是"老虎型（D）"的人。她偶尔又会有I型人的气场，乐于交际，喜欢与朋友聚会。虽然她不喜欢C型个性，认为过于精明、算计，但她未必就没有C型人勤于思考的特点。

其实，人有D、I、S、C四种类型，不分好坏，而且每一个人的性格中都有D、I、S、C因子，只是四种因子所占百分比因时因地因人而有不同。田红做DISC测试时，第一次是D得分最高，貌似天生是老虎型的，然后是I的分值比较高。但外人看田红更像C型的，而田红自己觉得内心里有很多D。她说："我会很快判断及很快地去决定。"但田红自己一直是很喜欢与S型人交往，而第二次测试时，她得分最高的是S。

墨尔本高峰会，
坐蒸汽小火车游山。

她的个性似乎有多元性，这从她一份家庭保单里可以看出来。她找一个朋友谈保险，当时因为没有经验，只问了朋友和孩子的生日，只做了父亲及小孩子两个人的保险，朋友买了50万保额的寿险加大病险，给儿子买了10万保额的寿险加大病险及25万有传承作用的"金色年华"。送保单时，朋友说他爱人的父母前几年都患过癌症，如今恢复很好，去国外旅游去了。田红当时就说，其实你爱人应该也买些重大疾病保险，但朋友说他爱人在排名世界500强的国企，有完善的社保，田红只是给朋友说了一下大病险和社保的区别，就没有跟朋友再提给他爱人做保险计划的事，怕朋友误会自己太功利。但是这份不安一直在田红心中揣着。最近因为一些偶然的因素，加之田红对保险代理的责任理解更为深入，她电话跟朋友说起这事，隔了一天，朋友决定给他爱人买50万保额的重大疾病保险，这才令田红一颗心放下了，不能因为自己计划设计不全面而让客户存在保障漏洞。

　　当她给别人送保单时，真的觉得能够帮到别人，像做志愿者似的。她说："别人的一个微笑，一个感谢的眼神，都会激励我做得更专业一些。"

　　她做保险前几个月，动力完全来自于想参加奖励旅游计划。因为在保险公司，如果一段时间里业绩达到一定的水平和要求，公司就会申请营销费用作旅游奖励，而且所去的地方和品质都是非常好的。所以对于她这样的 S 型人来说，有一个目标放在前面，比如说是一个爱琴海旅行奖励，她就会一路飞跑，一直向前。

她说："一路往前走，以前的不顺心过去就过去了，争取把以后过得更精彩！《圣经》里说：'忘记背后努力面前，向着标杆直跑。'这就是我的座右铭。"

注定成功秘笈——田红 ■

如今儿子有点小帅了，穿上新校服又摆上 POSE 了。

身为香港人的"上门女婿"，来自马来西亚的杨进耀开朗、健谈，并说得一口流利普通话。八年前加入香港保诚时，他几乎无门无路、语言又不通，却用最短时间成为香港保诚最成功的营销总监之一。

如今在香港保诚，几乎人人都以"Peter"称呼杨进耀。谈起在香港的成功经历时，Peter口中总离不开一个"信"字，其中包含了信仰、信心、信任等诸多意义。Peter的人生格言是：做非凡人要有非凡经历。如同一句歌词所唱："如果命运能选择，十字街口你我踏出的每步更潇洒。"

杨进耀

十字街口愿我踏出的每步更潇洒

人才培育——坚定不移的人才战略是尊尚贯彻的准则。

和我的大陆研究生团队。

千里马常有而伯乐不常有，Titus是我的伯乐。

自称"超级 I 型人"的 Peter 凭借出色的社交能力，早年从事厨具用品销售。"那时我们的主要工作就是拿着产品目录、站在几家固定的零售店铺门口等候老板洽谈业务。"这种守株待兔式的销售方式不仅耗费大量时间精力，收效也不大。

仅做了一周，Peter 便决定改变营销策略。有一天他仍站在店门口迎候老板，但见到老板后，他不再推销目录上的商品，而是提出一个建议："与其每天面对店门口如此多的推销员，不如让我帮你管理厨具用品货架的配货、上货工作。"

这个提议得到那位老板的认可，Peter 用这种方式在别家店铺也屡试不爽，很快垄断了几家零售店铺的市场份额。从此 Peter 的富裕时间多了起来，并由一名上班族跃升为可以自己做主的小老板。

本已事业小成的 Peter 仍未满足现状，作为基督徒，他开始思索更有意义的人生，于是他开始了三年的环球宣教工作，足迹遍布印度、柬埔寨、非洲等国。"那时一位香港弟兄建议我也关注中国内地的宣教工作，所以回到马来西亚不久，我便来到香港，参与面向中

2012 年再次夺得全公司
Top recruiter 大奖。

赛车精神— Always on my way,
never...assion.

国内地的传福音工作。"

　　来到香港后，因为信仰，Peter 很快结识了现在的夫人。一年后他们决定结婚，但夫妻都面临居住地的选择，Peter 相信自己的适应力强，就决定留在香港做"上门女婿"，而自己在马来西亚的事业也因此放弃。正在转行的徘徊中，他得到弟兄的启示，打算涉足金融行业，并最终于 2004 年正式加入香港保诚。

半小时赢得一生信任　　不过初入香港保险圈的 Peter 当时既不懂广东话，更无本地市场基础，"甚至连香港的路都不熟。"Peter 回忆，"以至于好不容易有客户愿意和我见面洽谈，我却找不到约会地点。"

　　后来 Peter 再与客户见面时，干脆以各地铁或巴士

站点作为标识，总算解决了认路难题。其实从 Peter 当初的推销经历不难看出，这些难题终究能迎刃而解。"因为在我的性格里，除了坚定的信仰，更有十足的信心，甚至还有一种趋于偏听偏信的单纯，因此得到不少客户的信赖。"

他念念不忘已经过世的一位客户，当时是港铁的高管，他记得这是"很难谈下的一位客户"。Peter 却知难而上，用高超的沟通能力说服这位客户面谈，客户总算答应下来，却在 Peter 亲临其办公室等候三个多小时后爽约。这位客户的助理则暗示他不用再来约见，"但我不愿就此放弃，便一而再、再而三要求约见，终于攻破了这位客户的心理防线。"

当两人终于面对面坐下洽商时，那位难得一见的

不同市场的经理会议——
求同存异，垂直贯彻。

客户却只给 Peter 半小时时间。Peter 谈到："这半小时，我没有一味推销本公司的保险产品，而是认真帮他检视已有的保险、理财计划，这些是他以前的代理人从未做过的。后来我发现这些计划都有些过时，他自己更未投保重大疾病险，于是我帮他重新做了产品设计。"那位客户最终听从了 Peter 的意见，并购买了相关产品。

三年后，突然有天 Peter 接到客户夫人的电话，提到这位客户已因晚期癌症过世，生前指名要 Peter 帮其处理日后的保险赔偿工作。"其实这位客户的保险计划涉及多家公司产品，甚至是银行产品，但他太太告诉我，那天这位客户跟我见面后回到家，就将我的名片递给太太，并叮嘱她收好名片，以后有需要的话一定找我。"只用半小时时间便赢得客户一生的信任，Peter 至今为之自豪。

创新带来
广阔市场

作为营销团队的 Team Leader，如今 Peter 已不仅局限于追求自身展业的成功。"超级 I

180

型人"偏于感性，号召力和感染力强，很容易给客户留下深刻印象，这些特点都非常有利于个人展业。但带领一个团队时，理性地制定目标规划并培养营销人员就显得十分必要。Peter 相信自身兼具 I 型和 D 型人的特性，这让他受益匪浅，而一贯的创新思维也使他的团队总能制造各种惊喜。

两三年前，Peter 开始发展一些中国内地在港留学生到保诚从事营销工作，这一举动令不少同事费解。因为大陆留学生初来乍到，不仅语言不流利，在香港的社会关系也不多，同时香港政府还限制留学生在港就业。"虽然深知这些困难，但我招募中国内地留学生的主要目的是拓展更广阔的大陆市场。"Peter 认为，哪个市场都最适合本土人拓展。于是，他开始在香港遴选中国内地的"种子选手"，而这种营销理念恰恰复制了 Peter 当初来港展业的思路：通过一定的人脉制造更多人脉，无论是客户还是同事。

如今，Peter 的保险团队已汇聚了众多出身名校的大陆高材生，有不少人甚至拥有硕士、博士等学历。很多同行为此感到震惊，因为公众普遍认为中国内地留学生大多理论重

实习生项目的娱乐先生以及精神领袖。

尊尚财富管理中心正式
成立了。

于实践，又颇有些好高骛远，对保险业也不太感兴趣，
所以保险公司很难觅到出身名校的高素质学生。Peter
坦言，他之所以赢得这些名校高材生的追随，还是缘
于同学们的信任。"对于每一位拥有远大理想的大学
生或知识分子而言，最重要的是找到正确的实践方法
帮他们达成远大理想，而我就在这样做，同时我自己
的经历也是可供参考的一个范本。"

面对未来，重于实践的 Peter 追求的却是"人生
境界"这样颇为虚幻的目标，不过他的解读倒很实际：
"我想要达成的人生境界就是为自己创造不少选择，
从而不用因无可选择逼迫自己做什么事，总之是要追
求一种可以自主的人生。"

和团队成员一起体验英国保诚针对高端客户提供的QF服务。

符燕语

用自由的心描绘成功蓝图

在常人眼中，生于青岛、出身北大又师从投行的符燕语，很难与香港的保险代理人产生联系。而书生气十足的符燕语如今正是以"国内来港第一人"之名，成为香港保诚一位成功的代理人。谈起这段颇令人匪夷所思的职业路径，做事严谨又富于挑战的符燕语讲述了一段曲折的择业历程。

被海啸"卷入"保险圈

身为大陆"集万千宠爱于一身"的80后一代，符燕语并未像大多数同龄人那样留

星光闪耀保诚。

守父母身边，而是从在家乡青岛读高中起就刻意锻炼独立自主的能力。"以至我后来选择去北京读书、现在香港工作，都是凭借这种自主性。"C型人特有的缜密思维加之D型的自主能力让符燕语不仅喜欢挑战自己，更崇尚自主选择的自由。

本科就读于北京大学经济学专业的符燕语，2008年赴香港岭南大学攻读国际金融与银行硕士学位，如无意外，毕业后她会和学长们一样进入投行工作。但一场金融海啸完全打乱了符燕语既定的职业规划，从此一切都随之改变。

从2008年9月读研到2009年8月毕业，符燕语求学岭南的这短短一年时间，正是美国次贷危机引发的全球金融海啸最为肆虐之时。"眼看着学长们个个面露菜色、无处找工作，我的心开始躁动不安。"符燕语坦言，这场海啸颠覆了她对于投行的憧憬："原

来投行并非我想象的那样在既定规则下有序发展，投行从业者的个人附加值也少得可怜，一旦公司出了问题，从业者首当其冲将受到失业打击。"

面对缺乏自主性的投行工作，符燕语还没毕业便决定转行，"一是金融海啸不可预见，从事投行业没有安全感；再有，我自身性格特点更注重以自我为中心，自由选择工作，投行的复杂环境可能也不适合我。"

个人主义突出的符燕语很快对金融圈同样关注个人的私人银行领域产生了浓厚兴趣。而香港发达的金融业也令她心仪。"但我当时的想法很泛泛，只想体验一下在香港求职的感受。"于是符燕语像众多毕业生一样，开始在网上投简历，并重点投向与私人理财相关的公司，香港保诚便是其中一家。"当时对保诚也没有什么概念，只是比较欣赏它的智者理财理念和母公司的专业口碑。"很快符燕语得到了保诚的面试机会并最终因其中国内地学生的背景和专业特长获得录用。

2012 年
MDRT 午宴与
公司高层合影。

2011 年会
获奖发言。

中国名校实习生
项目。

首届北京
大学实习生
计划结束仪
式。

不怕入错行
只怕无蓝图

从进入保诚的那刻起，符燕语便开始起草属于保险代理人的职业蓝图。这也与 C 型人特有的计划性相符合。

"说实话，保险行业在中国内地的名声并不好，出身名校的人即使找不到工作也不太愿意入行保险。"符燕语至今记得刚被保诚录用时，致电远在青岛的父亲时，父亲惊讶又犹疑的回应。"但我通过对香港金融市场的认识，了解到此保险非彼保险，其实是为个人提供了一整套完善的理财服务，职业前景也远不是代理人所能涵盖。"

基于这种信心，入职时无半点工作经验的符燕语仅用三年时间便创得佳绩，并为自己的职业发展描绘了一幅颇令人神往的蓝图。

"刚入职时，既无工作经验，又无系统规划，一度困难重重，所以在提升业绩的同时，我也开始重建职业系统规划。"那时，符燕语几乎天天要请教公司前辈，"管理层的各种培训讨论都成为我重绘蓝图的基点。"

在兼收并蓄中，符燕语还充分发挥了自己在数学方面的特长，最终重建了职业规划系统："身为保险代理人其实是在扮演理财顾问的角色，在此期间，应该努力掌握各种理财产品知识及待客技巧，并用两到三年时间成长为财富管理经理，开始帮助客户制定更具深度和广度的理财计划，包括退休、教育、家庭财产管理等，这一成长期大概在四、五年左右。之后便可成长为一名私人银行家，并利用从业以来积累的各种人脉，为高端客户提供私人理财方面的各种服务；与此同时可以开始联络志同道合的会计师、律师等专业人员，谋求成立专为家族企业提供咨询服务的家族办公室（Family Office），并像贴身管家那样，与合伙人一同为家族客户提供从财务到商业咨询、休闲管理及教育等全方位的服务。"谈起这张蓝图，符燕语滔滔不绝，"现在公司里已聘用了不少和我背景差不多的内地名校生，看到他们初来乍到有些茫然

注定成功秘笈——符燕语

来自大陆的研究生团队。

智者理财与北京大学建立战略合作伙伴关系之后的首次学术讲座。

时，我便会给他们讲讲这个职业构想。"

名校生面对挑战不言放弃

因本人也出自名校，符燕语深知名校生的长短板："目标远大，却又缺少实践方法，但遇到困难时也不会轻易退缩。"正因如此，她每次向"徒弟"们讲起职业发展蓝图时，总会强调一句："这个工程非常浩大，我们要付出的努力也要比常人多。"

符燕语从不避谈社会对于名校生的各种偏见，"这几年我自己就是在不断'犯错'又不断反思和调整中成长起来的。"三年前刚入行时，符燕语的蓝图尚未成型，还在摸索阶段，入职近半年业务都不见起色，既要面临业绩压力，又深处前途不明朗的纠结中。"但我知道自己一定能坚持下来。"符燕语坦承，名校培养的学术思维这时也起到很大作用，"我开始收集信息展开自主调研。"2009 年底，正逢国家对山西煤矿进行安全整改，符燕语敏感地意识到这是一个难得的市场机会，"因为煤老板会急于转移资金，海外投资当然是比较好

的一种替代方式。"想到此，生性果断的符燕语说干就干，第二天就飞回北京，找到北大的几位老同学，并与同学们一拍即合，成立三人小组坐火车奔赴山西进行市场游说。

"现在想起这段经历感觉很幼稚。"符燕语掩面笑了起来，"我们三个人以个人名义跑到人生地不熟的矿区，指望通过陌生拜访说服煤老板到香港投资，不让人家当成'国际骗子'才怪呢！"结果三人虽然也见到了几位煤老板，最终还是空手而归。

"但我不会因此放弃这个市场。"这次经历让符燕语意识到，拓展内地市场不应单枪匹马，而应以机构名义，并嫁接国内相关资源。"后来我们开始寻求与北大等高校合作，开展各种研讨会宣传保诚的专业理财概念，同时还邀请不少私企老板来港参观保诚，并为他们提供各种理财方案。这种系统化宣传效果就很明显。"

符燕语强调："虽然这段经历让我遇到很多困难，但我决不会因此逃避，北大清华出身的学生往往理想

远大，也容易在现实面前遇到始料不及的挫折，但内地学生毕竟是万里挑一进入名校的，所以一般也都能接受挑战，坚持下去，不会逃避。"

符燕语追求的终极目标就是有选择的自由、不为生计所愁，"生命的意义就是在自由的选择中不断体验各种人生。"

举办房地产论坛。

与内地来港参加高端财富论坛的客户交流。

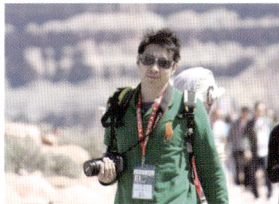

黄子安

执着的心
成功需要一颗

与很多开朗健谈的同行相比，黄子安可谓"另类"保险人：认真、严谨、执着、深沉、少言。谈起入行不到十年，便以最短时间成为香港保诚保险人均绩效最高的 Team Leader，黄子安并无半点得意之情，只是颇为平静地表示，"大概作为 D 型人，总执着于自己的事业目标吧！"

出席海外会议是一种肯定。

儿时梦想……到现场看曼联足球队比赛。

一场家庭变故
引发的保险之旅

谈起黄子安的事业目标，他毫不讳言从学生时代便有强烈的赚钱意愿。"在我人生的每个阶段，都有很强的赚钱动力，过去是为父母、现在为父母和妻子，将来还要为孩子。"子安之所以有如此源源不断的动力，除了性格使然，更与他的一段家庭经历密不可分。

十余年前，子安还在香港上中学六年级时，任职某顶级酒店高级主管的父亲突然在岗位上意外受重伤，从此失去工作能力，全家瞬间陷入经济危机。身为长子的子安为解家庭之困，开始利用课余时间到工地打零工，贴补家用。"从那年开始，我第一次有了强烈的赚钱动力。每天打工虽然辛苦，但日均700港币的收入，的确帮助家里解了燃眉之急。"他说。

注定成功秘笈——**黄子安**

上 / 终于完成了父母的心愿。
下 / 妹妹也毕业了。

　　不过这段经历也让子安清醒意识到，光靠打工赚钱并不足以达成目标。几年后，大学毕业的他未像同学们那样进入政府部门或到企业谋一份收入稳定的工作。子安说，他"基于当时家里的情况，必须找到更好的赚钱机

会，而不是仅图一份稳定的收入。"

于是子安决定入行保险，但这首先遭到父母的反对，"家长们大多希望自己的孩子能成为公务员或是会计、教师，而保险代理在他们眼中并不是一份有前途的工作。"为说服父母，黄子安向他们保证只做半年保险，赚够钱就去找一份稳定工作。

不过初入保险的子安很难在半年时间达成"赚够钱"的目标，"那半年平均每月 2 万多港币的进项，和一名教师的收入相当，实在难如人意。于是我向父母请求再给我半年时间。"就这样，执着于自己的赚钱目标的子安再也没有离开过保险圈，只不过当初的目标早已一再提升。

坚持到最后的惊喜　　尽管初入行并不顺利，但成功的人往往笑到最后。黄子安对于目标的执着进取总能让他在别人畏之如虎而放弃时，勇敢地坚持下来，最终赢得始料未及的商机。

2003 年，身为保诚新人，黄子安参加了团队组织的

陌生拜访训练和实践，他们选择在香港一家商场进行实地推销。全体参与者共分三组，每组轮流进行 4 小时陌生拜访。分到 A 组的子安从上午 10 点开始推销，很快四个小时过去了，他却未谈成一单生意。

"其实当时只是一次训练，并无业绩考核指标，但我还是决定为自己设定个目标，至少谈成一单生意。"于是子安留在现场，旁观别组的陌生拜访，并寄希望于有人放弃训练，他便可以补缺。果然很多人放弃了实地推销，而子安则从上午 10 点一直"补缺"到晚 10 点。

快收工时，子安以为真的一无所得，却有一位女士跑来问子安是不是上午曾经向她推销过保险？原来这位女士当天上午婉拒了子安的推销后，晚上又陪母亲逛街，再遇子安，得知他一直坚守在商场十余小时，颇受感动。听说子安一天都没有"开单"，便慷慨解囊买下一份保险。

成功是需要理念一致的同事打造出来的。

每年都会跟同事旅游轻松一下。

更令人始料未及的是，当时出于同情买下月缴 42 美金保单的这位女士竟是身家超过 3 亿的富豪级人物，如今更成为子安的最大客户，年付保费超过百万元。而这段经历让子安深深意识到执着于自己的目标，往往会带来意想不到的收获，商机的获得更非仅靠瞬间机会，往往是对人持久力的考验。

从此，这段经历一直激励着子安，不仅促使他由一名成功的保险代理人蜕变为出色的团队领袖，更让子安知难而进，展业范围由香港本地市场扩大到广阔的中国大陆市场。一年多以前，子安初到内地进行工作交流时，很多人提醒他因两地文化和市场成熟度不

同，开拓内地市场胜算不大。"很快，不少同来的香港同事纷纷打道回府，我却从一踏入大陆就预感到这边市场的巨大潜力。"

子安又一次执着地坚持下来，并在过去一年半的时间里，频繁到内地展业，且颇有收获。"我不仅看到了大陆市场的潜力，更意识到这个市场的变化。"子安希望未来与内地同事有更多合作，并在内地和香港各建立一支开拓中国内地市场的团队，"这是我未来两到三年的目标。"

尽管目前中国内地市场的业绩贡献率还不明显，但远期来看，子安的执着或将为其带来更为巨大的商机。

赚钱并非终极目标　　口不离"目标"二字的子安自认专擅远期规划，这是典型的 D 型人特征融合了严谨、追求完美的 C 型人特点，虽然他自认为"不太招人喜欢"，但这些特质却成为成功的必要元素。

很少轻言成功的黄子安将"看得起别人，放得低自己"作为人生信条。"只有看得起别人才会向成功的人虚心求教，也只有放得低自己，才能身体力行于成功人士的经验，并时常反省。"

如今黄子安就在反省自身性格中的一些偏颇之处："我一直比较喜欢与乐观之人打交道，比如健谈开朗的 I 型人，但一直怕与 D 型人沟通。虽同为 D 型人，却总接受不了 D 型人的支配欲和压力感。不过身为保险人，又是团队负责人，势必要学会与形形色色的人打交道，所以今年我给自己的挑战就是突破自己，学会与 D 型人合作。"

生命中不能没有目标的黄子安下一个计划是在事业进一步成功、并有充足财力时，到大陆贫困地区开办一所学校，"让孩子们享有受教育的权利。"而谈起他的终极人生目标，子安却绝口不提"赚钱"二字，他希望将来可以为保险事业留下一些精神传承。"一个人如果能留下一些精神层面的东西，那是很厉害的。"子安不无憧憬地说。

每年都会跟太太到世界不同的地方。

太太是我要不断努力的动力。

余汉杰：
香港保诚资深区域总监，
1983 年开始投身保险事业。

余汉杰

座右铭

" 改变、改善、学习、克服、耐力，
上帝赐予我安宁和勇气。 "

无所不及，无往不利。

从教育背景和个性本色来说，余汉杰都与保险无缘。他内向、不善表达；冷静，乐于沉思；诚实，不争强好胜。30 年前，他是一个香港普通家庭六兄弟姊妹的幼子，听话、孝顺，读书勤勉，一路顺畅考上香港中文大学工商管理学院。本来可以顺理成章地进入银行工作，像很多香港家庭所希望的那样：儿女成才，受过良好的教育，并有一个令人羡慕的职业，比如银行职员、律师或财务会计师。但余汉杰机缘巧合进入保险公司，一干就是 30 年，并且成就了一段香港保险行业的传奇。

"好奇害死猫"
也未必是坏事

有句西方谚语叫"好奇害死猫"，讲的就是凡事别太好奇，追根究底，最后容易把自己陷进去。而恰恰是好奇心把余汉杰这个"老实人"引进了保险营销领域。

1983年，余汉杰从香港中文大学毕业后，本来应该像其它商学院学生一样进入银行，而且他也顺利地通过了银行的录用考试，就等着三周后上班了。那一天，他去大学饭堂吃饭，碰到一位已经工作的学长也回到学校来就餐。他俩聊起来，学长说："你知道吗？我刚刚跳槽了，从银行跳槽到保险公司。"余汉杰十分好奇和不解，实在不能理解学长放着好好的银行职位不要，去哪门子保险公司呢？而且保险公司当时给人的印象就是"骗人"买保险，交保险费，还没有像银行的利息，有时交完保险费就像做了"慈善"一样，一去无返。而保险公司的人却说，保险就是这样，出险了才赔，不出险就成"共同基金"被消费掉了。

看着余汉杰脸上露出疑惑不解的表情，这位学长乐了，他说："你还有几个星期才上班，现在正好空闲着，不如到我们保险公司来看看我们是怎么"骗人"的，了解一下一个骗人的公司怎么还有那么多人来工作，

而且保费源源不断，公司越来越大。"

　　余汉杰于是去保险公司参加了为期三周的新人培训。他是一位做什么事都认真的人，又有浓厚的好奇心，每天的培训，余汉杰在培训讲师眼里都是最认真做笔记、而且常常在思考的新生。阅人无数的培训讲师认为余汉杰是一位很有潜力的保险人才。但老师也看出来余汉杰绝对更看重银行这个"金饭碗"，而保险业在他眼里不过是一个充满挑战的职业。讲师在培训快要结束时跟余汉杰说："我们可以打个赌，我赌你在调研过两个问题后，一定会放弃银行来保险公司工作。"余汉杰好奇地问："哪两个问题的调研？"讲师说："第一，你在银行找一位做了十年的学长访谈，了解他工作第十个年头的收入是多少，最开心的事情是什么，往后将会有啥精彩；第二，你再找一位在银行工作二十年的学长，了解其同样的问题。"

　　做事认真的余汉杰果然按老师的说法调研了在银行工作的学长，他发现，原来毕业生认为最好的银行职员工作，在工作了十年的学长眼里，也毫无新鲜感，不过是日复一日的

守侯三天、需要无比耐性和坚持才得见到猎物踪影；要一矢中的，更需多番的操练。

重复；而到了工作二十年，除了收入多了一点，其他的状态不仅没有更好反而更差。这样的人生到底有什么发展可言呢？余汉杰似乎站在银行职员的起跑线上，已清清楚楚地看到他十年后、二十年后是什么模样，多少收入，什么样的心境。

从少年到青年，虽然一直以来没有做过什么出格的事，余汉杰沉静的外表下有着一颗驿动的、有梦想的心。他想，为什么不到保险公司工作？两年后我会做到什么样的业绩？五年后我会成为什么样的人？十年后我会拥有多少财富和自豪？二十年后呢？带着这一份好奇，余汉杰踏入香港保诚保险公司，从一名代理人开始做起。

Nothing is impossible. 余汉杰做到这一切，与他的性格中较高的 S 型性格因素有关。余汉杰说："我是一个平和、冷静、能够聆听别人内心的人。我总是很轻易地就相信别人，同时也会让别人信任我；我很坚持、有耐性，无论是与人相处还是做事，更在乎长久。我不急躁，所以我的朋友都是一些多年来的老朋友，客户也是如此；我能够在一个地方忠心耿耿地埋头苦干，从来不急于求成；我擅长做计划，这往往在对一件事深思熟虑之后，我会心无旁骛地按照既定计划去做，途中遇到挫折，也绝不懈怠和放弃。"

路遥知马力
日久见分晓

在保险这个激情四射的行业，余汉杰从 1983 年起一干就是 30 年，他从一个人，到做主管带一个团队；从 100 人到 600 人，现在的目标是 10000 人的团队。余汉杰的"智者理财"保险团队在香港业内颇有名望，即使对于香港很多普通人来说，"智者理财"这个名字似乎也并不那么陌生，似乎接触过，又似乎就像身边邻家的一个理财顾问。

智者理财北京合作伙伴团队从 2011 年开始。

经过了香港 2003 年人气萧瑟、信心倍减的"非典"时期，也经历了香港 2008 年遭遇全球金融风暴的肆虐影响，余汉杰的保险团队一直保持着平稳发展，人气有

增无减，越是遭遇外部经济环境的低迷，他的团队的业绩越是能脱颖而出。如今，余汉杰"智者理财"的管理理念又被国内同行所借鉴和学习，他也常常在香港、北京和上海三地往来、授课。

■ 香港智者理财团队在北京庆祝 25 周年里程碑。

■ 余汉杰很乐于在世界各地、多个保险大会交流分享心得。

余汉杰认为："看起来，我的个性中 S 型因素最高，其次是 C 型个性，D、I 型因素几乎没有，这似乎与需要外向型、主动型、进攻型的保险营销并不合拍。但我认为，恰恰是我这些看似与保险不太搭界的个性促使我实现目标。"

余汉杰说，在保险行业，坚持和耐力是两个很好的个性素养。他举例："当我做团队到 100 人时，我设定了 1000 人的目标，虽然并没有按时间表实现，但我却调整了这个目标，把时间向后延长三年、五年，仍然坚

持走下去，不言放弃。"他还举例："我决心读博士时，没有想到要用那么长的时间，但中间遇到一些曲折，我没有放弃，仍然坚持，最后用了 15 年时间把博士读下来。"总而言之，S+C 型的人，他们相信自己设定的结果，一旦有了目标，不抛弃不放弃。"

潜水的世界充满宁静和谐，欣赏创造的奇妙。

206

中国有句谚语：路遥知马力，日久见人心。这对于S+C型人来说，是一个很形象的描绘。其实很多香港人身上都体现了这种特质，他们对生活有一种"信"，"做人，总要信，总要信。"就像电影《岁月神偷》中吴君如饰演的罗太这么说。这是大多数香港人的一种本能，无论是打工仔还是老板，讲究的是诚实守信，他们从不放弃对明天的期待。所以对于余汉杰来说，身边不乏与他同类型的S型的人。他们有共同的价值观，有共同的做事待人的方式。

在团队建设方面，余汉杰对于培养一个保险新秀不惜力，会花很多年很多精力去培养一个人；而他的团队也很信任他，与他的友谊越久越深厚。在客户方面，余

黄金海岸学习征服惊涛骇浪。

207

纽西兰"笨猪跳"是胆量的挑战。

汉杰这么多年来只有一个客户是陌生拜访来的，其它 700 多位客户都是转介绍，客户再转介绍，这也是基于彼此的信任关系。在朋友圈方面，余汉杰热衷于做一些公益事业，但这些公益事业并不风光，也不简单，他们做的其中一个项目是到最贫穷的

■ 在澳洲高空跳伞，站得更高、看得更远。

■ 踏浪而来，高速中保持平衡；人的性格各异，保持个中平衡是艺术。

沙漠地区给当地人送一些促进生产生活的工具，如种子、羊崽儿等。

　　他所喜欢的极限运动也与信心和耐力有关，比如帆板、水上滑翔等。

余汉杰坦言："我喜欢和相同性格的人沟通，像S型人，大家都内向沉静，深沉好学；像C型人，C型人仔细认真，内心丰富、有底蕴，说话实事求是，有一说一。"余汉杰说，早先他是有些排斥和D型、I型的人打交道的，觉得D型、I型人太外向、太主动。但随着时间的推移和与不同人群的接触，他已有所改变。他说："我现在作为一个有数百人团队的掌门人，已认识到每种个性的性格都有它'明亮'的一面，不能说'好'或'不好'。一个真正有涵养的掌门人，应该理解和接纳各种个性的人，让他们发挥性格的长处。一个有底蕴的团队应该容纳百川，汇聚成河。"余汉杰说，他在学习D型人的果断力、表现力和沟通能力，他也在学习I型人的感染力、乐观开朗及超强的交际能力。在一个团队中，I型人能让团队气氛活跃，打破S型人的沉闷；而D型人则能让团队的果敢更多一些，提升整个团队的速度和效率。

综上种种，一个人的个性影响了他的方方面面，而生活、工作、信仰、朋友、运动等方面的"选择"又会相互折射，相互成就，成功对于S+C的人来说，需要用时间去验证——日久见分晓。

梦想
令人生无憾

余汉杰很喜欢香港电视剧《天与地》里传唱的歌曲，那些词印证了他这些年的人生轨迹。

注定成功秘笈——余汉杰

"如果 命运能选择，
十字街口，你我踏出的每步更潇洒；
如果 活着能坦白，
旧日所相信价值不必接受时代的糟蹋；
如果 命运能选择，
十字街口，你我踏出的每步无用困惑；
如果 命运能坦白，
旧日所相信价值今天发现还未老；
如果 命运能演习，
现实中不致接纳一生每步残酷抉择。"

在余汉杰的职业生涯中，却有一件事令他抱憾终身。他回忆："在刚开始做保险时，我向我姐姐推销保险，她为了支持我，就买了一份，但叮嘱我不要告诉我姐夫。但后来因为保险公司的信件寄达，姐夫还是知道姐姐在我这里买了保险。于是我姐夫找到我，狠狠地骂了我，并且还对我爆粗口，认为我一个亲弟弟还'骗'姐姐买保险这种东西。当时，我内心很难过，面对客户我尚能理性、平静地解释，但对亲姐夫的发难则有些招架不住。

在香港、在内地都能遇上各种
不同性格的朋友，成为美好的
回忆。合作伙伴性格各异，保
持个中平衡是艺术。

后来姐姐的保单尽管没有中断，但已减少了很多保额，保费每年交一点点。现在姐姐、姐夫相继去世，每当我看到她两个孩子时，我就想，要是当时我能克服自己内向的性格，力劝姐姐一家买足应买的保险，她的两个孩子可能现在会过得更好一些，也能长久地感受到父母留下的爱。"

也许正是从这件事情上意识到 S 型 +C 型个性中的缺憾，余汉杰才意识到每种个性都有它的不足之处。成功不属于哪一类人，成功属于有梦想的人，而梦想是每种性格的人都会拥有的。在保险业 30 年，他认为："各种性格的人会采用不同的处事方法，个性特征并无好坏之分，只要顺其优势，避其弱点，扬长避短，扫除成功路上个性的障碍，成功将是'条条大路通罗马'。"

余汉杰的座右铭是：求上帝赐予我安宁来接受不可改变的事，也赐予我勇气去改变可以改变的东西，更赐予我可以分辨可以改变和不可改变的事情的机会。意思就是说，一个人要常常有勇气去改变、改善、学习、克服、迎接挑战，人要有这个信心来做到。我们都是很普通的人，当我尽力去改变一件事时，发现真的有一些事是不可改变的，所以不要因未能达成，就会苦恼、失望以致仇恨。

　　"人生最大的快乐和梦想是不断学习，时有收获；有梦想的人就能把自己培养成为更可爱的人、更有用的人、更谦卑、更有价值的人。在过去的生命中，因我是基督徒，我就更明白，上帝创造我们这些人，就是让我们在生命中享受这个过程，感受上帝在我们身边安排了很多很好的人，让我们品尝很多喜乐，也建立自己的信心，

见证自己的成长。”

余汉杰认为：“如果一个人能充分了解自己的个性特点及他人的个性特点，就会理解和包容很多东西，就会从不同人身上看到不同的优点，从而更好地融合在一起。因为每个人都是独特的，都可以变成有价值的开心的人。”而人生，一旦拥有了智慧和启悟，就会无往不及，无所不利。

Titus Yu

“我的愿景就是经历丰盛的生命，有很多有价值的工作，很多合作伙伴。能够 FROM GOOD TO GREAT, FROM SUCCESS TO SIGNIFICANT，能够留下遗产——可以传承下去的价值观、文化。让这些在保险行业盛放，在中国内地和香港地区的保险业盛放。”余汉杰深情倾诉。

■ 每年一家人去滑雪，
　一起挑战难度，其乐也融融。

214

广昕：信诚人寿北京分公司总监。

读后感

注定成功秘笈——**广昕**

广昕

DISC 学习心得

初始认识 Titus 是在八年前的珀斯，那时年轻帅气的他已经是亚洲保诚 Agency 的领军人物。后来有机会常常向他学习，实属十分幸运。不仅因为他所涉猎的领域非常广泛，最重要的是他所学习的理论经过他丰富的阅历，极强的思考力加工后而变得很易用。譬如说这本书，所有想在与人相处建立关系的过程中更加顺利的人都应该掌握这样一种简洁实用的理论。我本人在学习和使用这套理论的过程中就获益匪浅。首先，它让我更加了解自己且接受自己的特点。作为一个 S+D 性格，过往因为感觉自己不擅长演讲，所以花了很多精力试图通过模仿和练习来改造自己；现在明白这样个性特点的人是不可能被训练成具有 I 型讲师的现场气氛调节能力的，于是通过与 I 型搭档的配合取得了更好的效果。有了这套工具，我现在会常常发现，听到同样的一句话，人们所领会到的语义会如此不同。沟通及人际交往是一个永恒的重点和难题，随着人类社会的进步，最有生产力的活动不再是个人施加于一个物体所产生的成果，而无处不在的人际关系的沟通和配合本身就成为生产力。正如工业革命时蒸汽机之类的发明，大大推动了人类的进步。那么信息革命的时代，这类沟通工具的发明和广泛使用，将以降低沟

通成本，减少无谓关系摩擦的形式，推动人类的进步。得到这样一个工具的欣喜，使得我养成一个习惯，在不知不觉间，对我所接触的每一个人进行定位，从而暗示自己用正确的方式与之沟通。这样做的结果对于催生我的工作成绩以及亲密与人关系的好处尚难量化，但确实在过程中少犯了很多错误，避免掉一些伤害，已经令我个人非常感激 Titus 这个老师对 DISC 的讲解。

同时在我周边环境中，现在由于对 DISC 深刻了解和熟练运用已经成为助力我团队训练的利器，配备了这个武器的营销人员反映说跟以往的工作相比就像是带着地图和夜视镜的士兵，让他们因为大量掌握普通视力看不到的信息而变得驾轻就熟。同样客户们的反响也很好，不止营销员与客户双方的关系更容易相处了，并且也有越来越多的客户把从我们这里学到的 DISC 理论运用到了他们的关系处理中。这样 DISC 理论也成为我们带给客户诸多附加价值中的一项。

鉴于我个人以及团队成员从 DISC 理论中所获得的益处，现在将它推荐给你，当你从这样阅历丰富的长者学到这套严谨理论，你的收获已经远远超过了这理论本身。

感谢

  一个社会需要不同的人发挥长处，每个人不同的行为模式塑造每一个人的个性和特长，《注定成功秘笈》一书的诞生是集合了多人的才干和贡献。我要感谢我的 DISC 教练何庸亚博士一同合作撰写；感谢 5 位北京、3 位香港"智者理财"的优秀伙伴接受我的访问，让读者从他们成功的经历中，了解不同行为模式构成的优点并避免变成弱点；感谢信诚人寿首席执行官谭强先生用心撰写序言，谭总以我的启蒙导师罗伯特·舒乐牧师作为鼓励，实在欣慰；还感谢广昕总监团队两年来一同建立"智者理财——中国"，开启了建立中国第一理财团队梦想；感谢安丽请缨做我北京的私人助理、陈德志联系出版社和创造 ipad 版 DISC 想法；感谢万云在访

问个案的建议，她真是专业的出版人才；感
谢 Innowise 公司在 DISC 测验电子版和 ipad
版的技术制作；感谢 Ivy Ho 耐心的联络各方；
感谢我的出版拍挡邓万良协助搜集资料……

　　最后要感谢你阅读本书，欢迎你批评
指点或给我鼓励，你可电邮到我的私人邮箱
titushkyu@yahoo.com，　感谢上天让我通过
本书与你相遇。祝福您！

余漢傑

图书在版编目（CIP）数据

注定成功秘笈 / 余汉杰著 . — 北京：测绘出版社 , 2013.4
ISBN 978-7-5030-2729-1

Ⅰ. ①注… Ⅱ. ①余… Ⅲ. ①行为分析—通俗读物
Ⅳ. ① B848.4-49

中国版本图书馆 CIP 数据核字（2012）第 267788 号

注定成功秘笈

著　　者	余汉杰		责任编辑	邓云艳
美术编辑	张牧笛　李凯瑞		执行编辑	张凝

出版发行	测绘出版社		邮　　编	100045
地　　址	北京市西城区三里河路 50 号		经　　销	新华书店
邮　　箱	smp@sinomaps.com		印　　厂	北京缤索印刷有限公司
电　　话	010-68531160（发行部）		印　　张	6.875
	010-68523818（编辑部）		成品规格	148mm x 210mm
字　　数	56 千字		版　　次	2013 年 4 月第 1 版
印　　次	2012 年 4 月第 1 次印刷		网　　址	www.chinasmp.com
定　　价	38.00 元			

书　　号　ISBN 978-7-5030-2729-1

本书如有印装质量问题，请与我社发行部联系调换。